毛毛虫变蝴蝶的奥秘

的奥秘

主编: 陈嘉霖 徐埙峰

海峡出版发行集团 | 海峡书局
THE STRAITS PUBLISHING & DISTRIBUTING GROUP

图书在版编目（CIP）数据

毛毛虫变蝴蝶的奥秘 / 陈嘉霖，徐堉峰主编. - 福州：海峡书局，2019.8
ISBN 978-7-5567-0631-0

Ⅰ. ①毛… Ⅱ. ①陈… ②徐… Ⅲ. ①蝶－普及读物 Ⅳ. ①Q969.42-49

中国版本图书馆CIP数据核字(2019)第117375号

出 版 人：林 彬
策　　划：曲利明　李长青
主　　编：陈嘉霖　徐堉峰
特邀编辑：吴振军
插　　画：李 晔
责任编辑：廖飞琴　卢佳颖　俞晓佳　陈 婧　陈洁蕾
装帧设计：李 晔　黄舒堉　董玲芝　林晓莉

MÁOMÁOCHÓNGBIÀNHÚDIÉDEÀOMÌ
毛毛虫变蝴蝶的奥秘
_____

出版发行：海峡书局
地　　址：福州市鼓楼区五一路北路110号11层
邮　　编：350001
印　　刷：深圳市泰和精品印刷有限公司
开　　本：889毫米×1194毫米　1/32
印　　张：8
图　　文：234码
版　　次：2019年8月第1版
印　　次：2019年8月第1次印刷
书　　号：ISBN 978-7-5567-0631-0
定　　价：99.00元
_____

《毛毛虫变蝴蝶的奥秘》
摄影作者名单

（排名不分先后，按姓氏笔画排列）

王　军	王昌大	王春浩	区伟佳
尹方韬	邓广斐	邓伟健	田建北
邢　睿	毕明磊	曲利明	朱建青
江　凡	孙文浩	李　凯	李　闽
李　晔	李琨渊	杨熙傲	吴振军
佘晨沐	谷　宇	张红飞	陈久桐
陈尽虫	陈志兵	陈嘉霖	罗益奎
胡劭骥	侯鸣飞	倪浩亮	徐堉峰
曹　峰	程　斌	詹程辉	

　　几年前，应海峡书局的邀请，我协助大陆的蝶友编写了《中国蝴蝶图鉴》（全4册），这套大部头由十多位爱蝶的同好与研究者呕心沥血耗时三年搜罗精美标本照与生态照才得以完成。付梓之后，得到了国内外的许多肯定，尤其是向来自傲蝶类出版品精美的日本，十分惊讶这套书的图片质量。虽然大图鉴受到好评，但内容过于专业，价格高昂又携带不便，普罗大众难以"亲近"。海峡书局曲社觉得，应当出版一本以大众为对象的蝴蝶入门科普书，以补不足，希望我也可以帮点忙。出版社特地邀请陈嘉霖先生担纲（他是因热爱蝴蝶而放弃原本稳定的设计师工作，转而投入蝴蝶生态教育事业的蝶痴兼我多年的好友），因此我十分乐于从旁支持。除此之外，我也觉得这样的科普书的出版是很有意义的。我自己在小学三年级的时候，就因担任小学自然教师的亲姑姑的启迪，爱上昆虫并立志当个昆虫研究者。自己运气好，最后如愿以偿在大学任教并研究蝴蝶，但求学阶段有许多同好朋友后来却放弃了这份兴趣，很可惜。在欧美与日本，生态教育普及，国民观察、研究蝴蝶及其他动植物蔚为风气。许多人从小便借由丰富多样的科普书习得知识并培养出长期兴趣，即便他们后来在各行各业服务，仍然保持对大自然的热爱，并愿意投入时间与感情。当年在英国，研究机构号召大众一起做蝴蝶监测工作，竟能引来一万多人充当志愿工作者。几十年持续观察下来，他们收集的资料竟能充分呈现气候与环境变动的关联，化为环境保护的重要参考，这说明从小培养对大自然的热情有多重要。我希望这本蝴蝶科普书的问世，可以让更多人爱上这些自然界的精灵，并进而保护它们的栖息地，让它们生生世世都可以和我们共存共荣。为了这本书得以出版，嘉霖先生从 2016 年起便走遍大江南北，进大山涉沼泽，拍摄了无数珍贵的蝴蝶生态照，让读者一睹为快。我非常高兴能襄助这样一位爱蝶成痴的朋友完成这本佳作。

徐堉峰

2019 年 4月27日

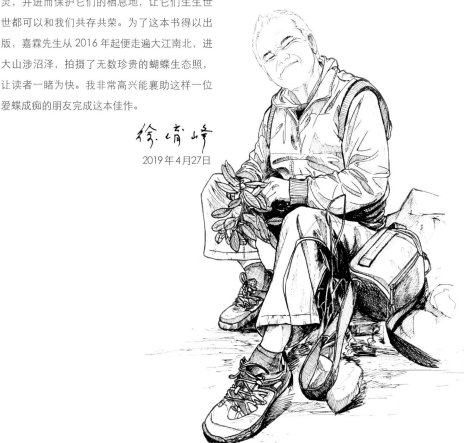

我天生喜欢各种生物，鱼类、鸟类、昆虫无一不爱。它们奇怪的形态、鲜艳的颜色以及特殊的生活习性使我着迷。小学放学时，我总会在爸爸的工厂找各类水生昆虫，放假跟表弟出去捉知了玩乐。出外游玩时，我的眼睛总离不开水边的螃蟹和鱼类生物，家里因此也饲养着各种花鸟鱼虫。1994 年生日，爸爸送我一本由李传隆教授、朱宝云女士合著的《中国蝶类图谱》，让我对蝴蝶有了全新的认识，并开始研究蝴蝶。2000 年开始，我通过网络了解蝴蝶，认识了来自全国各地的蝴蝶爱好者，并增长了见闻。

蝴蝶，美丽而优雅，大家无一例外都是从它漂亮的一面开始接触、认知。然而蝴蝶是从什么变来的？它的生活史是怎样的？通常没有被关注。当我们看到毛毛虫的时候，我们的父辈们通常的做法是避而远之——"毛毛虫都是有毒的，千万不要碰！"我们至今是否没走出这句话的阴影？每当看到毛毛虫，都感到毛骨悚然，一律用"恶心""有毒"来表达，可毛毛虫恰恰是最美蝴蝶的"前身"啊！

我就是在这样的氛围中长大的，虽然从小很喜欢蝴蝶，但是看到毛毛虫的时候身心感到抗拒。经过学习和了解，我发现，其实毛毛虫也没什么让我害怕的。从不想接触到慢慢开始接纳，甚至在学校宿舍里饲养各种毛毛虫，这是一个认知蝴蝶的过程。我们害怕是因为不了

解，不靠谱的言语更让我们从小就对毛毛虫感到恐惧。蝴蝶，能"糊弄"鸟类混淆不清，可以"骗"过我们如此庞大的生物，从而达到自我保护的生存目的，这是真本领。

蝴蝶科普书在国内是非常缺乏的，关于蝴蝶幼虫生活史的书籍，更是寥寥可数。太专业的蝴蝶图书无法被广大读者所读懂和接纳，从而达不到科普的效果。这种现状，迫切需要一本能真正让普罗大众所接受、理解的科普书。不得不佩服海峡书局在自然科普书上的执着和远见，《毛毛虫变蝴蝶的奥秘》因此诞生。

本书特别邀请我的多年好友、享誉国际的蝴蝶分类专家徐堉峰（台湾师范大学教授），协助我做专业知识的编写。本书是我野外超过20年的考察记录，收录1000多张珍贵的一手图片资料，耗时两年编写。本书涉及的知识面广泛，内容涵盖我国常见蝴蝶的成虫期和幼虫期的习性，特别是"从爱好者到专家"章节，能指引蝴蝶爱好者如何发展他们的兴趣爱好。本书结构清晰，文字通俗易懂，配上可爱有趣的卡通插画，使科普知识趣味化，老少咸宜。

由于作者水平有限，如有错漏之处，恳请广大读者指正。

2019年5月4日

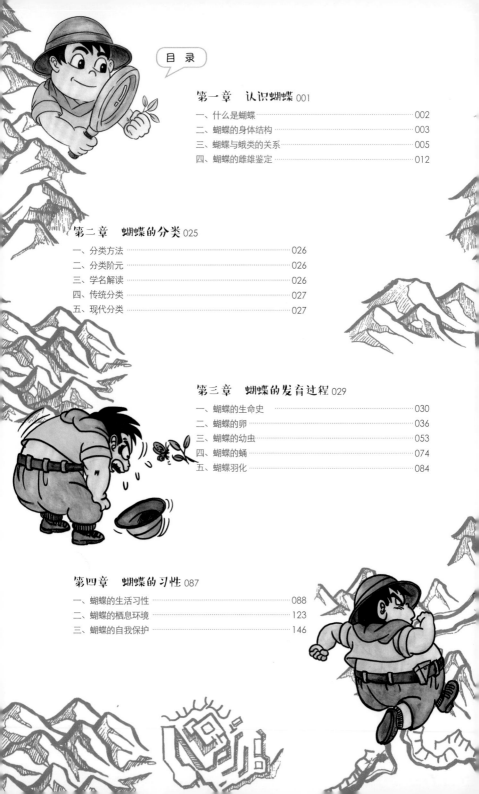

目录

第一章 认识蝴蝶 001

一、什么是蝴蝶 …………………………………… 002

二、蝴蝶的身体结构 ……………………………… 003

三、蝴蝶与蛾类的关系 …………………………… 005

四、蝴蝶的雌雄鉴定 ……………………………… 012

第二章 蝴蝶的分类 025

一、分类方法 ……………………………………… 026

二、分类阶元 ……………………………………… 026

三、学名解读 ……………………………………… 026

四、传统分类 ……………………………………… 027

五、现代分类 ……………………………………… 027

第三章 蝴蝶的发育过程 029

一、蝴蝶的生命史 ………………………………… 030

二、蝴蝶的卵 ……………………………………… 036

三、蝴蝶的幼虫 …………………………………… 053

四、蝴蝶的蛹 ……………………………………… 074

五、蝴蝶羽化 ……………………………………… 084

第四章 蝴蝶的习性 087

一、蝴蝶的生活习性 ……………………………… 088

二、蝴蝶的栖息环境 ……………………………… 123

三、蝴蝶的自我保护 ……………………………… 146

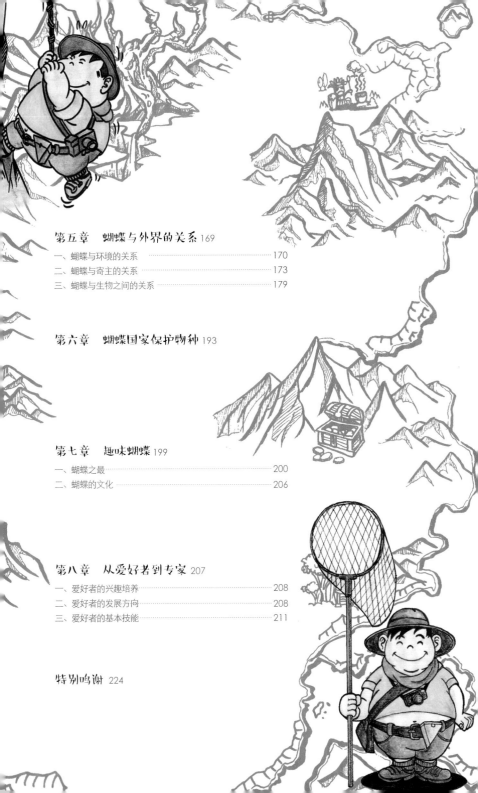

第五章　蝴蝶与外界的关系 169

一、蝴蝶与环境的关系 ……………………………… 170
二、蝴蝶与寄主的关系 ……………………………… 173
三、蝴蝶与生物之间的关系 ………………………… 179

第六章　蝴蝶国家保护物种 193

第七章　趣味蝴蝶 199

一、蝴蝶之最 …………………………………………… 200
二、蝴蝶的文化 ………………………………………… 206

第八章　从爱好者到专家 207

一、爱好者的兴趣培养 ……………………………… 208
二、爱好者的发展方向 ……………………………… 208
三、爱好者的基本技能 ……………………………… 211

特别鸣谢 224

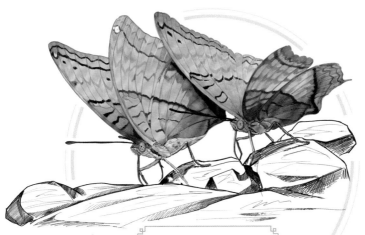

第一章　认识蝴蝶

一、什么是蝴蝶
二、蝴蝶的身体结构
三、蝴蝶与蛾类的关系
四、蝴蝶的雌雄鉴定

一、什么是蝴蝶

　　有一类昆虫，有着一双色彩丰富的翅膀，它们在花丛中翩翩起舞，从古至今都吸引着大家的目光——没错，它们就是"蝴蝶"。蝴蝶是一种昆虫，是由幼虫发育而成的。蝴蝶区别于其他昆虫的主要特征是：①有着膜质的翅膀，表面披满鳞片。②像弹簧一样的虹吸式口器。蝴蝶属于昆虫纲 (Insecta) 类脉总目（Amphiesmenoptera）鳞翅目（Lepidoptera）的成员。

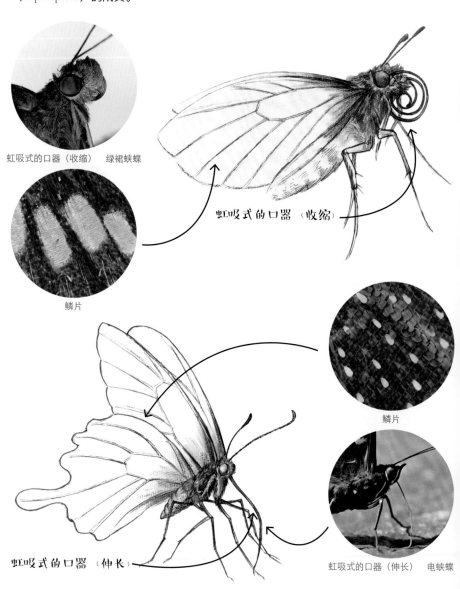

虹吸式的口器（收缩）　绿裙蛱蝶

鳞片

虹吸式的口器（收缩）

鳞片

虹吸式的口器（伸长）

虹吸式的口器（伸长）　电蛱蝶

二、蝴蝶的身体结构

蝴蝶的身体结构

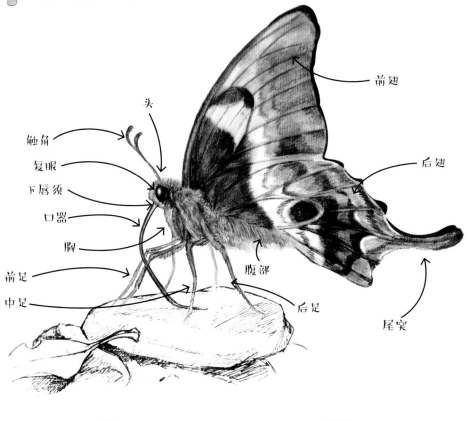

前翅

头

触角

复眼

下唇须

口器

胸

前足

中足

后足

后翅

腹部

尾突

蝴蝶的头部特写

蝴蝶的头部特写

蝴蝶的翅膀区域名称

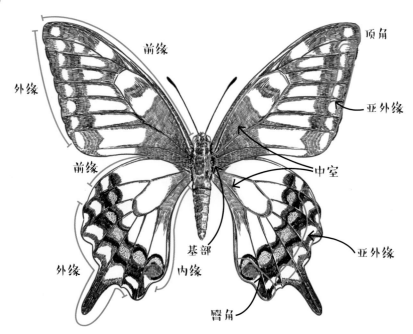

前缘

顶角

外缘

亚外缘

前缘

中室

基部

亚外缘

外缘

内缘

臀角

蝴蝶的翅脉名称

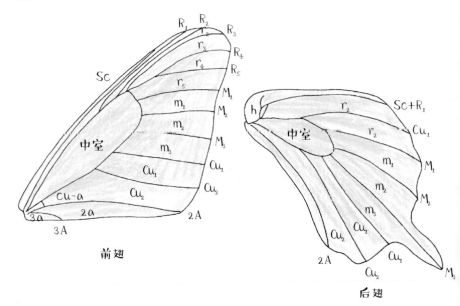

前翅

R_1 R_2 R_3 Sc r_3 R_4 r_4 R_5 r_5 M_1 m_1 M_2 m_2 m_3 M_3 Cu_1 中室 Cu_1 $Cu-a$ Cu_2 Cu_2 $3a$ $2a$ $2A$ $3A$

后翅

h 中室 r_2 Sc+R_1 r_2 Cu_1 m_1 M_1 m_2 M_2 m_3 Cu_1 Cu_2 2A Cu_1 Cu_2 M_3

三、蝴蝶与蛾类的关系

　　蝴蝶与蛾类同为鳞翅目的昆虫。它们其实是近亲，有着相同的身体结构、相同的生长发育阶段，外观也颇为相似。那么该如何区分蝴蝶与蛾类呢？

 活动时间

　　一般蝴蝶白天活动，蛾类晚上活动？

　　事实上，蝴蝶有许多傍晚及晚上出没的种类（如眼蝶亚科、环蝶亚科及弄蝶科），蛾类也有许多种类（如斑蛾、透翅蛾、天蛾、尺蛾）喜欢白天活动。

白伞弄蝶 →

← 箭环蝶

晚上上灯的蝴蝶

晚上上灯的曲纹黛眼蝶

傍晚活动的橙翅伞弄蝶

白天活动的凤蛾

白天活动的斑蛾

白天活动的豹尺蛾

蜂鸟？不，其实是白天活动的天蛾

站立姿势

通常认为蝴蝶停憩时翅膀合并，蛾类为平摊？

事实上，蝴蝶停憩时翅膀有平摊的也有合并的。蝴蝶停憩时平摊的通常有花弄蝶亚科种类，翅膀半张开的是蚬蝶亚科的种类，也有许多蝴蝶为了吸取阳光增加热量而张开翅膀。

蛾类也同样：停憩时通常平摊或收缩，平摊翅膀的形态很多样，合并翅膀的只占少数。

翅膀张开的大绢斑蝶

翅膀张开的沾边裙弄蝶

翅膀张开的美眼蛱蝶

晒太阳的德彩灰蝶

翅膀半张开的大斑尾蚬蝶

翅膀张开晒太阳的散纹盛蛱蝶

翅膀张开晒太阳的新月带蛱蝶

翅膀张开的白斑眼蝶

天蛾科

舟蛾科

夜蛾科(观察它的翅形像什么)

翅膀合并的锚纹蛾

斑蛾科

尺蛾科

刺蛾科

枯叶蛾科

大蚕蛾科

长尾大蚕蛾

穿纹蛾科

毒蛾

身体粗壮程度

看你那小身板！嘿嘿！只有我们蛾类才有粗壮的身体。

我们蝶类大多数身体纤细，但也有身体粗壮的种类哦。

通常认为蝶类身体纤细，蛾类身体粗壮？
事实上，蝶类也有身体粗壮的种类。

身体粗壮的褐标绿弄蝶

身体纤细的蛾类

触角形状

蝶类触角末端膨大，呈棒状或锤状

蛾类触角有羽状、节状和丝状等多种形态

蝶类的触角呈棒状或锤状，蛾类为羽状、节状和丝状触角等。
通过观察触角形状来区分蝶蛾，还是目前比较有效的方法。

棒状或锤状触角的凤蝶　　触角在膨大端多出一段钩尖状的弄蝶　　节状触角的蛾

节状触角的蛾　　丝状触角的蛾　　羽状触角的蛾

　　有一类原来放在尺蛾总科里为触角丝状的种类，如今已被研究证实应该属于蝶类，命名为丝角蝶科（Hedyloidae），也叫喜蝶科。它们的形态特点是：成虫外形近似尺蛾，夜行性，丝状触角，卵像粉蝶或蛱蝶，幼虫像蛱蝶，蛹的形态类似粉蝶。这个发现，会打破原有一些蝴蝶与蛾类常规分辨的看法，但是按照触角来区分蝶蛾仍然有效。

丝角蝶卵

丝角蝶幼虫

丝角蝶蛹

丝角蝶成虫

四、蝴蝶的雌雄鉴定

能够准确辨认蝴蝶的雌雄，对于在野外自然观察蝴蝶有重要的意义。蝴蝶为繁衍后代，雌雄的生活习性会有所不同。例如我们在野外看到大量的蝴蝶在水边吸水，它们基本上是雄蝶。

吸水的宽尾凤蝶

吸水的碎斑青凤蝶

吸水的飞龙粉蝶和黑脉园粉蝶

雄蝶经常活动的区域

蝴蝶停在某个特定区域内，会突然飞起追赶过往的其他蝴蝶。出现这个情况，可以认定：这些保护自己领域的蝴蝶都是雄蝶。而雄蝶停留的位置，往往是视野良好，容易发现雌蝶的地方。雄蝶这个举动的目的，是为了等待过往的雌蝶进行交配。

看守领域中的幻紫斑蛱蝶（雄）

看守领域中的黄襟蛱蝶（雄）

看守领域中的残锷线蛱蝶（雄）

雌蝶经常活动的区域

在野外，通常是较难发现雌蝶的，某些种类的雌蝶至今还未被记录。那么雌蝶通常会在什么地方出现呢？寻找雌蝶最常用的办法是：寻找盛开的花朵，在蜜源附近等待雌蝶前往吸蜜。雌蝶的使命就是为了繁衍后代，它要寻遍山中的每个角落，寻找适合蝴蝶幼虫栖息的食物，就是所谓的寄主。正因为这样，雌蝶会消耗大量的体力，它需要在寻找寄主的同时吸取蜜源补充体力，确保体内卵巢的正常发育。所以我们在开花的植物上，通常有意想不到的发现。

吸蜜的玉带凤蝶（雌）

吸蜜的暖曙凤蝶（雌）

另外一个寻找雌蝶的办法，是在寄主附近等待。如果寄主大小及位置合适，雌蝶有机会前往产卵。

在寄主上准备产卵的苎麻珍蝶

雌雄异型

雌雄异型,即雌蝶和雄蝶的花纹不一样。

美凤蝶(雄)

美凤蝶(雌)

白带锯蛱蝶(雄)

白带锯蛱蝶(雌)

雌雄同型

雌雄同型,就是雌蝶和雄蝶花纹一致。如果是雌雄同型,在野外观察方面,要较为留心,部分种类需要捕捉并详细观察后才能鉴定雌雄。大部分雌雄同型的种类,可通过以下方法来鉴定:

(1) 观察翅膀翅形

通常雄蝶较直,雌蝶翅膀前翅外缘较圆。

翅膀外缘较直

黄豹盛蛱蝶(雄)

翅膀外缘弧形

黄豹盛蛱蝶(雌)

（2）观察翅面颜色及斑纹

通常雌蝶翅面颜色较浅，斑纹较大。

离斑带蛱蝶（雄）　　　　　　　离斑带蛱蝶（雌）

（3）观察蝴蝶翅膀性标（性别标志）

许多种类蝴蝶的雄蝶的翅膀背面和腹面具有明显性标。不同类群蝴蝶性标位置和形态不同。

  5 各科蝴蝶性标

凤蝶科 (Papilionidae)

凤蝶雄蝶前翅有绒毛性标，后翅有内缘褶（香囊）。

后翅内缘有香囊　　　　　　　　后翅内缘无香囊

粗绒麝凤蝶（雄）　　　　　　　粗绒麝凤蝶（雌）

前翅有绒毛性标

绿带翠凤蝶（雄）

前翅无绒毛性标

绿带翠凤蝶（雌）

金裳凤蝶（雄）

金裳凤蝶（雌）

雄蝶腹部反面有发达瓣片

雌蝶无瓣片

雄性夏梦绢蝶腹部没有囊袋

交配后的雌性元首绢蝶有囊袋

粉蝶科 (Pieridae)

粉蝶科黄粉蝶属性标在前翅腹面中部。

性标

宽边黄粉蝶（雄）

蛱蝶科 (Nymphalidae)

（1）斑蝶亚科 (Danainae)

前翅或后翅有性标。

前翅性标

后翅性标

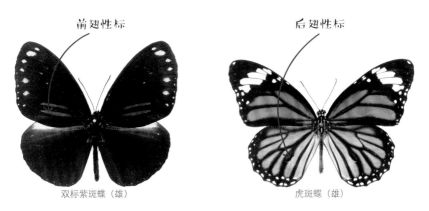

双标紫斑蝶（雄）　　　　　　　虎斑蝶（雄）

（2）眼蝶亚科 (Satyrinae)

眼蝶亚科在前翅及后翅，或前翅腹面有性标。

性标　　　　　　性标　　　　　　性标

黑带黛眼蝶（雄）　　棕褐黛眼蝶（雄）　　中介眉眼蝶（雄）

（3）闪蝶亚科 (Morphinae)

环蝶后翅前缘基部有毛束性标。

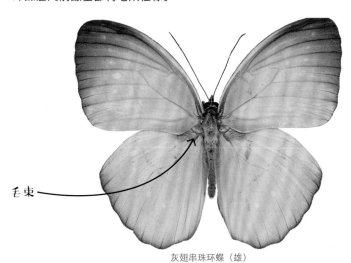

毛束

灰翅串珠环蝶（雄）

灰蝶科 (Lycaenidae)

洒灰蝶属和梳灰蝶属前翅前缘中部有性标，玳灰蝶属、燕灰蝶属、珀灰蝶属、克灰蝶属、安灰蝶属等后翅有圆形性标。

性标　　乌洒灰蝶（雄）　　性标　　尼采梳灰蝶（雄）

性标　　珀灰蝶（雄）　　性标　　东亚燕灰蝶（雄）

弄蝶科 (Hesperiidae)

带弄蝶属前翅前缘外翻有黄色性标；伞弄蝶属有圆形性标；陀弄蝶属、长标弄蝶属有烙印状性标；玛弄蝶属、谷弄蝶属有线状性标；刺胫弄蝶属后翅中部内侧有毛状性标。

性标　黄带弄蝶（雄）

性标　黑斑伞弄蝶（雄）

性标　玛弄蝶（雄）

性标　近赭谷弄蝶（雄）

性标　花裙陀弄蝶（雄）

性标　竹长标弄蝶（雄）

性标　黎氏刺胫弄蝶（雄）

　　通过上面阐述的 3 个大特征，基本可以判断大部分种类蝴蝶的雌雄了。但是还有不少蝴蝶雌雄特性不明显，这样在野外基本是无法判断雌雄的，必须通过观察足部判断：①蛱蝶科前腿退化收起，许多线蛱蝶亚科种类较难判断雌雄，通过观察前足能准确判断。通常雄蝶前足细小、不分节，足尖披长毛；雌蝶前足分节。②观察后腿的毛束。花弄蝶亚科的雄蝶后足具有明显毛束。

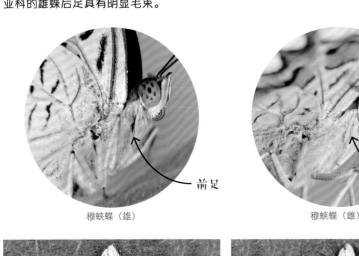
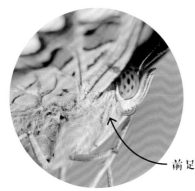

穆蛱蝶（雄）　　　　　　　　　　　　　　穆蛱蝶（雌）

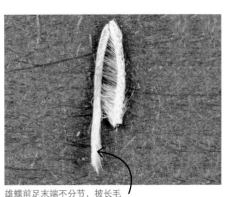
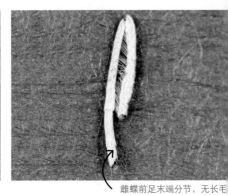

雄蝶前足末端不分节，披长毛　　　　　　　雌蝶前足末端分节，无长毛

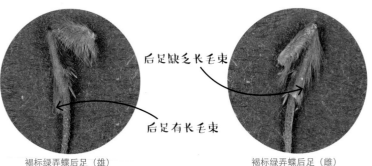

后足缺乏长毛束

后足有长毛束

褐标绿弄蝶后足（雄）　　　　　　　　　　褐标绿弄蝶后足（雌）

阴阳蝶

当我们在自然观察中，发现一种蝴蝶出现两边翅膀花纹并不相同的时候，恭喜你，那就是一只非常罕见的雌雄结合体的蝴蝶，称"阴阳蝶"，即一只蝴蝶翅面上出现雄性和雌性蝴蝶的特征。出现这种阴阳蝶的概率为十万分之一，是由于蝴蝶卵在发育过程中，雌雄性染色体发生异常导致。

斐豹蛱蝶（雄）

斐豹蛱蝶（雌）

斐豹蛱蝶（阴阳蝶）

白翅尖粉蝶（阴阳蝶）

雌雄特征不均匀的阴阳蝶标本照

嵌合体

　　亲缘关系很近的不同种蝴蝶之间会存在互相交尾情况，多数情况下后代不能存活，极少数能活到成虫，身体会同时出现父体和母体的特征。像图中标本两边翅膀能明显区分各是不同种蝴蝶的结合体，非常罕见。

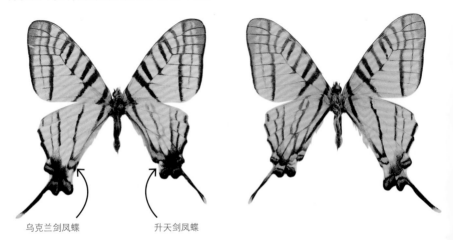

乌克兰剑凤蝶　　　　　　升天剑凤蝶

第二章　蝴蝶的分类

一、分类方法

二、分类阶元

三、学名解读

四、传统分类

五、现代分类

一、分类方法

蝴蝶的分类具有一定主观性，没有绝对的准确，日益进步的科学技术，也使蝴蝶的分类方法与时俱进。蝴蝶分类具有三个标志性阶段：

第一，由最初只看形态和花纹进行分类。

第二，检视雌雄蝶生殖器、翅脉及幼虫态的分类。

第三，近几年流行用分子学遗传基因 NDA 测序作为分类参考。

二、分类阶元

国际通用具有共识的分类系统是阶元系统，现代生物分类常用的有：

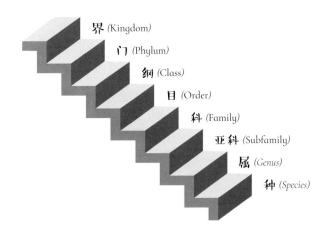

界 (Kingdom)
门 (Phylum)
纲 (Class)
目 (Order)
科 (Family)
亚科 (Subfamily)
属 (Genus)
种 (Species)

蝴蝶属于动物界节肢动物门昆虫纲鳞翅目里面的成员。

把具有相同特征的种类归入到科里，最后鉴定到"种"。

我们把一个蝴蝶名称当作是姓名，科和属比作姓氏，种比作名。这些在蝴蝶学名里可以体现出来。

三、学名解读

蝴蝶的命名由国际通用的拉丁文所组成，称为"学名"。在国内为方便交流而取一个中文名，又称为"俗名"。中文名有时在不同地区有差异，但是学名全世界只有一个，方便于世界各国学者交流所用。学名由拉丁文依二名法则构成，二名法则即由属名加种名组成。

例如："*Papilio paris* Linnaeus, 1758"中文名为"巴黎翠凤蝶"。

种类名称（巴黎）　　　　发表时间

Papilio paris Linnaeus, 1758　　　　　　　*Lamproptera paracurius* Hu, Zhang & Cotton, 2014

属名（凤蝶属）　命名者（林奈，瑞典博学家）　　命名者是多位学者联合命名的，用","和"&"等符号表示又例如："*Sasakia charonda* (Leech, 1891)"的中文名为"大紫蛱蝶"。

当学名在命名后发生了属的变更，学术上把命名者与时间放置于括号里，加以暗示修订。

四、传统分类

过去国内长期应用的是周尧于 1994 年提出的蝴蝶分类系统，将蝶类分为 17 个科。其中我国有 12 个科，即凤蝶科、绢蝶科、粉蝶科、眼蝶科、环蝶科、斑蝶科、珍蝶科、喙蝶科、蛱蝶科、蚬蝶科、灰蝶科、弄蝶科。

五、现代分类

如今的蝴蝶分类采用国际上通用的 5 科式分类方法，由 Kristensen 等人在 2011 年提出。目前此分类方法得到绝大多数人的认可。

国际通用分类方法（5 个科）　　　　　周尧（1994）分类（旧有分类系统，12 个科）

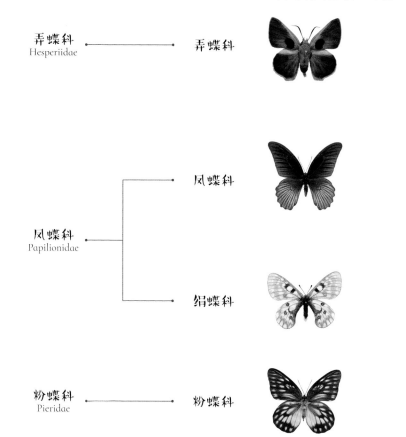

弄蝶科
Hesperiidae ————————— 弄蝶科

凤蝶科
Papilionidae
————— 凤蝶科

————— 绢蝶科

粉蝶科
Pieridae ————————— 粉蝶科

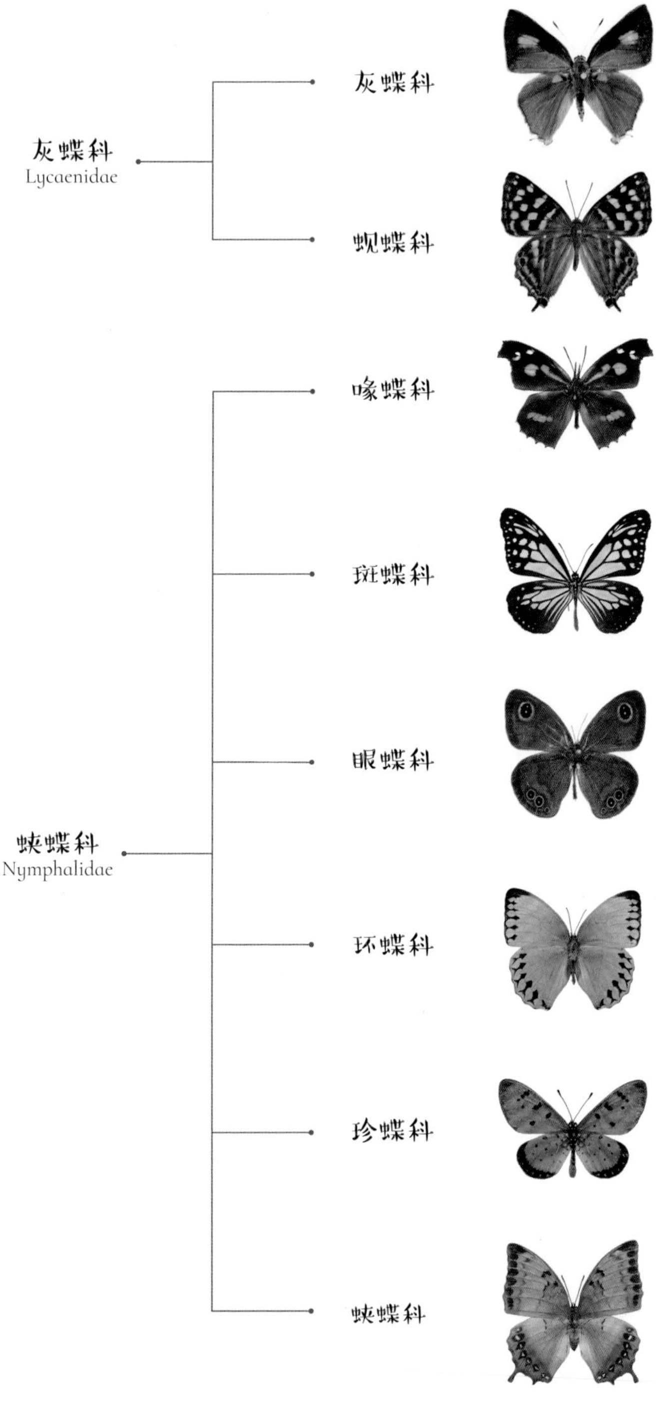

灰蝶科
Lycaenidae

灰蝶科

蚬蝶科

蛱蝶科
Nymphalidae

喙蝶科

斑蝶科

眼蝶科

环蝶科

珍蝶科

蛱蝶科

第三章　蝴蝶的发育过程

一、蝴蝶的生命史

二、蝴蝶的卵

三、蝴蝶的幼虫

四、蝴蝶的蛹

五、蝴蝶羽化

一、蝴蝶的生命史

蝴蝶的生命周期

　　蝴蝶的生长发育必须经过卵、幼虫、蛹、成虫4个阶段，其中前3个阶段被称为幼期或幼生期，成蝶则被称为成虫期。因为具有这4个形态迥异的发育阶段，蝴蝶属"完全变态"昆虫。

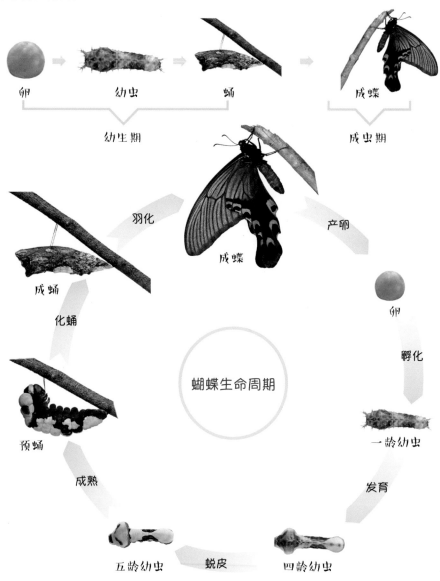

卵 → 幼虫 → 蛹 → 成蝶

幼生期　　　　　成虫期

羽化　　　成蝶　　　产卵

成蛹　　　　　　卵

化蛹　　蝴蝶生命周期　　孵化

预蛹　　　　　一龄幼虫

成熟　　　　　发育

五龄幼虫　蜕皮　四龄幼虫

　　蝴蝶一个生命周期，通常称为一世代。不同种类的蝴蝶在一年里有不同世代数，有的一年一世代，有的为一年多世代。

　　一年一世代即一年只羽化一次成虫。这类蝴蝶的特点是：每年的成虫期发生时间短，且发生时间集中，这类蝴蝶的种群受环境或气候小幅度变化影响有限，但受到长时间大幅度的气候或环境变化的影响较大。

　　一年一世代蝴蝶会以各种形态越冬：

（1）卵越冬

　　即今年产下的卵要次年才孵化出幼虫（如许多种灰蝶种类）。

树枝上的黎氏璀灰蝶越冬卵

休眠芽上的冷灰蝶越冬卵

（2）幼虫越冬

　　许多一年一世代蝴蝶幼虫，以幼虫方式越冬（如许多弄蝶科、绢粉蝶属和蛱蝶科种类），大部分种类幼虫在冬天休眠，停止进食。

度过寒冷的冬天要各凭本事。

玛环蛱蝶的越冬幼虫

在树枝上越冬的黑脉蛱蝶幼虫

越冬的大伞弄蝶虫巢

在树下枯叶里越冬的大紫蛱蝶幼虫

在枯草里越冬的前雾矍眼蝶幼虫

越冬的绢粉蝶虫巢

（3）蛹越冬

许多一年一世代的凤蝶和粉蝶，以蛹越冬（如凤蝶科、粉蝶科）。

斜纹绿凤蝶越冬蛹

黄尖襟粉蝶越冬蛹

一年多世代的蝴蝶即一年内可发生多代。这类蝴蝶的特点是：比较常见，数量较多，种群扩散能力比较强。一年多世代的蝴蝶多数分布于亚热带和热带，原因是该类地区温度高，蝴蝶发育速度快，完成一个世代的时间短。比如菜粉蝶，在东北地区一年仅有2代，但在华南地区，一年可10余代。部分种类以成虫越冬，斑蝶科甚至集体越冬，场面壮观。

斑蝶成虫集体越冬

紫斑蝶成虫集体越冬

蝴蝶的生活史研究

蝴蝶的生活史研究是一门综合学问，第一要了解蝶种的分布，第二要了解蝶种的习性，第三要认知植物（即蝴蝶的寄主），第四要知道成蝶产卵特性与幼虫的生境，最后还需要一定的运气，方可发现目标蝶种。正因为有难度，有挑战性，才可以把每一次户外考察当作是寻宝游戏，惊喜就会不断出现在我们的眼前。

蝴蝶的生活史研究有什么作用？

第一，只有认清蝴蝶的寄主植物及生态环境，才能实施正确的保护方案。很多物种尚未被世人发现，便因为人为的过度砍伐树木与森林的破坏等原因而消失不见。

被过度砍伐的森林

被破坏的栖息地

在广东粤北低海拔山区，以往每年 5 月都可以看到许多大翅绢粉蝶在飞舞。如今，由于大翅绢粉蝶的唯一寄主"十大功劳"被人为过度砍伐（主要为药用及泡酒），这种一年一世代、群产且群居，幼虫期长达 10 个月的物种，因寄主短缺，遭到毁灭性的打击，目前在广东野外已很难再看到它们的踪迹。

大翅绢粉蝶寄主"十大功劳"因有较好药用价值，已被过分采摘，导致大翅绢粉蝶数量急剧下跌

将要产卵的大翅绢粉蝶

　　第二，认清蝴蝶的生活史，对于蝴蝶的辨识及分类研究具有较重要的作用。不同物种在幼虫形态、习性及取食寄主方面有所不同。有部分物种成虫形态接近，差异极小，这给分类带来一定难度，但它们的幼虫却有很大区别，因此幼生期形态也成为物种分类非常重要的参考因素。

　　如南方常见的绿弄蝶和半黄绿弄蝶，在野外成虫很难被判断，但是它们的幼虫和寄主却有很大的差别。

半黄绿弄蝶成虫

绿弄蝶成虫

半黄绿弄蝶幼虫

绿弄蝶幼虫

半黄绿弄蝶寄主和叶巢

绿弄蝶寄主和叶巢

二、蝴蝶的卵

蝴蝶卵的形状

　　雌蝶经过交尾及发育成熟后，将选择合适的寄主或地方进行产卵。蝴蝶的卵很小，通常直径1~2mm，不容易寻找和察觉，经常会被忽略。通过放大拍摄发现，不同种类蝴蝶的卵的形态不一，有圆形、半圆形、椭圆形、山形、饼状形、大米形、玉米形等等；卵表面有的光滑，有的带分泌物粗糙，有的几何形状凹塌、有凸起或带刺尖，有的条状纵脊，有的布满网纹，有的晶莹剔透，伴有各种颜色及斑点，可谓色彩缤纷，堪称艺术品。

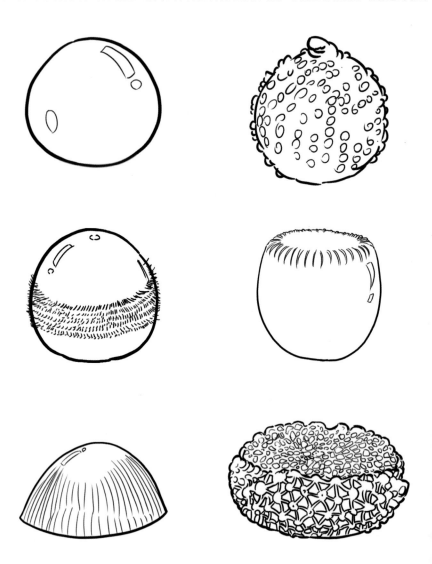

蝴蝶卵的特征

蝴蝶产卵可分为单产和群产。卵表面有让精子通过的受精孔。

蝴蝶卵的发育过程

雌蝶刚产的卵颜色单一、色较浅，经过发育出现不断变化的花纹，称为受精斑。幼虫发育成熟后，能大概看清虫体在卵体里。

受精孔位置，在顶部凹陷处或中心封闭处

橙翅伞弄蝶刚产下不久的卵

橙翅伞弄蝶受精斑卵

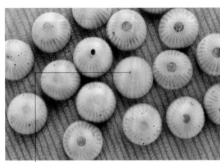

黄斑蕉弄蝶，中间黄色的卵并没受精发育

西藏钩凤蝶刚产下的卵

西藏钩凤蝶发育中的卵

新鲜产下的美凤蝶卵

出现受精斑的美凤蝶卵

出现受精斑的斑珂弄蝶卵

可见发育虫体的斑珂弄蝶卵

斜纹绿凤蝶刚产下的卵

已经看到幼虫头壳的斜纹绿凤蝶卵

蝴蝶幼虫的孵化瞬间

　　幼虫在卵体发育成熟后，会咬破卵壳，破卵而出，我们称之为"孵化"。大部分种类会先将顶部受精孔位置咬破，并从顶部钻出来。

黑燕尾蚬蝶幼虫孵化组图

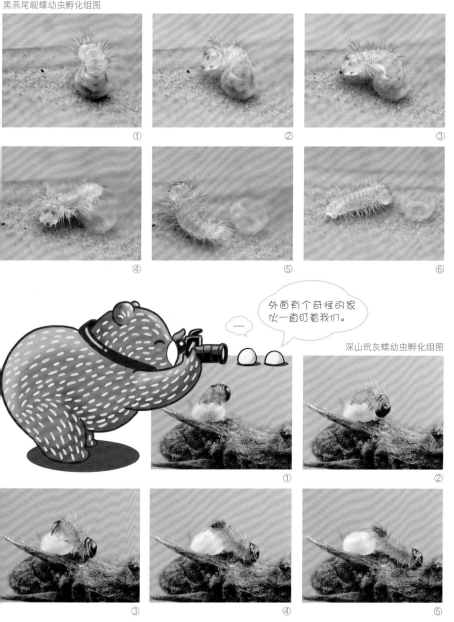

① ② ③

④ ⑤ ⑥

外面有个奇怪的家伙一直盯着我们。

……

深山珉灰蝶幼虫孵化组图

① ②

③ ④ ⑤

5 蝴蝶幼虫会怎么处理自己的卵壳

◆赶着吃树叶去了

幼虫最喜欢吃树叶了，所以它爬出来后直接吃树叶去了。

◆腐烂掉了

卵壳根本没有任何作用，就让它在原地自然腐烂掉好了。

◆被幼虫吃掉了

有的蝴蝶幼虫为什么会把自己的卵壳给吃掉呢？或许是里面含有幼虫所需的营养吧？

婀蛱蝶幼虫正在吃卵壳

二尾蛱蝶幼虫已经把自己的卵壳吃了大半

黎氏璀灰蝶幼虫咬开卵壳

捻带翠蛱蝶幼虫咬破卵壳

绢斑蝶幼虫把自己的卵壳快吃完了

蝴蝶的雌雄

蝴蝶的雌雄，是决定于卵的发育，还是后天幼虫的发育？

其实，蝴蝶的雌雄性别决定于卵受精时的染色体核型。人类染色体 XX 为女性，而昆虫一般 XX 为雌性，只有鳞翅目（蝶蛾类）和毛翅目（石蛾）XX 为雄性。

通过观察与学习，我们在野外当即可判断各科和各属蝴蝶的卵，有的甚至可以判断到种。

✕ 凤蝶科 (Papilionidae)

卵体最大，较容易观察发现。群产或单产，通常有 3 种形态：

（1）光滑球形

表面有细微纹理，如大部分凤蝶属 (Papilio)、青凤蝶属 (Graphium)、虎凤蝶属 (Luehdorfia)。

巴黎翠凤蝶卵

红基美凤蝶卵

木兰青凤蝶卵

燕凤蝶卵

（2）粗糙球形

表面有凹凸不平分泌物状颗粒，如麝凤蝶属（*Byasa*）、曙凤蝶属（*Atrophaneura*）、珠凤蝶属（*Pachliopta*）。

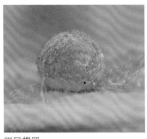

斑凤蝶卵

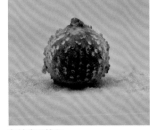

灰绒麝凤蝶卵

裳凤蝶卵

（3）扁平形

表面有明显刻纹，如绢蝶属（*Parnassius*）。

冰清绢蝶卵

红珠绢蝶卵

部分凤蝶有卵群产的特点，如丝带凤蝶属（*Sericinus*）、尾凤蝶属（*Bhutanitis*）、小黑斑凤蝶等。

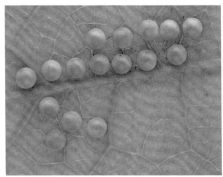

多尾凤蝶卵

虎凤蝶卵

粉蝶科 (Pieridae)

粉蝶卵的形态较为单一，群产或单产。通常是纺锤形，顶部尖细。另外一种是两端尖的圆柱形，犹如大米一般，卵体有条状纵脊或有细微横纹，颜色多为白色、黄色、橙色及红色。

优越斑粉蝶卵

大翅绢粉蝶卵

橙黄豆粉蝶卵

菜粉蝶卵

黑脉园粉蝶卵

宽边黄粉蝶卵

淡色钩粉蝶卵

蛱蝶科 (Nymphalidae)

根据近年最新的蝶类分类系统编排，将原来的喙蝶科 (Libytheinae)、斑蝶科 (Danainae)、眼蝶科 (Satyrinae)、环蝶科 (Amathusiidae) 并入蛱蝶科，使蛱蝶家族种类倍增，物种多样性丰富程度与灰蝶科 (Lycaenidae) 不分上下。

（1）喙蝶亚科 (Libytheinae) 和斑蝶亚科 (Danainae)

卵呈长椭圆形，表面有细微刻纹，像玉米和大米，单产。

绢斑蝶卵　　　　　　　蓝点紫斑蝶卵　　　　　　　朴喙蝶卵

（2）眼蝶亚科 (Satyrinae) 和闪蝶亚科 (Morphinae)

卵多为圆球状、半透明、光滑，部分种类表面有斑纹及细微刻纹，分群产和单产。

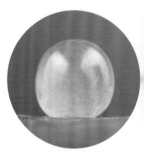

白斑眼蝶卵　　　　　　连纹黛眼蝶卵　　　　　　文娣黛眼蝶卵

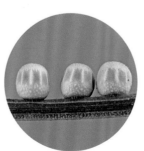

密纹矍眼蝶卵　　　　　黑纱白眼蝶卵

蒙链荫眼蝶卵

凤眼方环蝶卵

箭环蝶卵

（3）**釉蛱蝶亚科**（Heliconiinae）、**丝蛱蝶亚科**（Cyrestinae）和**绢蛱蝶亚科**（Calinaginae）
卵呈长椭圆形或长半圆形，表面有明显凹纹或凸纹，颜色多为黄色及白色。

白带锯蛱蝶卵

斐豹蛱蝶卵

大卫绢蛱蝶卵

（4）**线蛱蝶亚科**（Limenitinae）和**姹蛱蝶亚科**（Biblidinae）
卵为圆形或半圆形，表面有几何图形凹刻纹并伴有短刺突起，颜色多为绿色和黄色，
群产或单产。也有特殊种类耙蛱蝶属（Bhagadatta）卵为向下堆叠成串，白色珠状。

尖翅翠蛱蝶卵

小豹律蛱蝶卵

玄珠带蛱蝶卵

| 黄绢坎蛱蝶卵 | 耙蛱蝶卵 | 波蛱蝶卵 |

（5）**蛱蝶亚科**（Nymphalinae）**与闪蛱蝶亚科**（Apaturinae）
　　卵多为圆形、光滑，表面具有凸出条状纵脊，多为绿色和米黄色，伴有色斑。

| 散纹盛蛱蝶卵 | 素饰蛱蝶卵 | 黄帅蛱蝶卵 |

大紫蛱蝶卵

枯叶蛱蝶卵

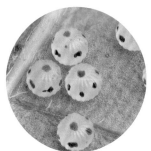

罗蛱蝶卵

朱蛱蝶卵

（6）螯蛱蝶亚科（Charaxinae）

卵为圆形，顶部削平并有细微刻纹，卵表光滑。

忘忧尾蛱蝶卵

白带螯蛱蝶卵

窄斑凤尾蛱蝶卵

灰蝶科 (Lycaenidae)

灰蝶是世界上种类最多、多样性最丰富的类群。卵形态多为扁圆形，有单产和群产。卵体积最小，表面花纹多样，几何造型艺术感最强，放大观察，造型犹如体育馆。大致分为扁圆球形、圆饼形、帽子形。

雅灰蝶卵

黑缘何华灰蝶卵

淡黑玳灰蝶卵

杨陶灰蝶卵

梳灰蝶卵

安灰蝶卵

冷灰蝶卵

黑角金灰蝶卵

艳灰蝶卵

尖翅银灰蝶卵

大紫琉璃灰蝶卵

栅黄灰蝶卵

陈氏青灰蝶卵

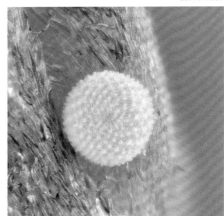

百娜灰蝶卵

精灰蝶卵

璞精灰蝶卵

　　灰蝶科中蚬蝶亚科（Riodininae）的卵独树一帜，大部分种类为半圆形及椭圆形，特别之处在卵的中部位置通常有一圈细毛，顶部受精孔凹陷，如同火山口一样，颜色丰富，分群产和单产。高山类群小蚬蝶属（Polycaena）目前未有任何卵及幼虫态的报告，尚待发现。

暗蚬蝶卵　　　　　　　白蚬蝶卵　　　　　　黑燕尾蚬蝶卵

白点褐蚬蝶卵　　　　斜带缺尾蚬蝶卵　　　　　波蚬蝶卵

弄蝶科 Hesperiidae

　　山形，如同倒碗形状一般，有的表面光滑，如袖弄蝶属（*Notocrypta*）、姜弄蝶属（*Udaspes*）；有的表面具有锯齿条状纵脊，并有细微横纹，如素弄蝶属（*Suastus*）、肿脉弄蝶属（*Zographetus*）。

黄斑蕉弄蝶卵

雅弄蝶卵

希弄蝶卵

黄裳肿脉弄蝶卵

海南须弄蝶卵

　　球形，表面具有条状纵脊或有细微刻纹，如伞弄蝶属（*Burara*）、绿弄蝶属（*Choaspes*）、长标弄蝶属（*Telicota*）；有的表面光滑，如刺胫弄蝶属（*Baoris*）、珂弄蝶属（*Caltoris*）。

　　扁圆球形，表面具有条状纵脊，并有细微横纹，如趾弄蝶属（*Hasora*）、襟弄蝶属（*Pseudocoladenia*）、捷弄蝶属（*Gerosis*）。

半黄绿弄蝶卵

飒弄蝶卵

角翅弄蝶卵

黄襟弄蝶卵

有一类特殊产卵习性类群，如花弄蝶亚科（Pyrginae）大部分种类雌蝶将腹部末端细毛或者后翅缘毛把卵给涂抹一圈，外形看不出卵的形态，用于逃避天敌；主要有大弄蝶属（Capila）、白弄蝶属（Abraximorpha）、裙弄蝶属（Tagiades）、玛弄蝶属（Matapa）等。

窗斑大弄蝶卵

黑边裙弄蝶卵

白弄蝶卵

玛弄蝶卵

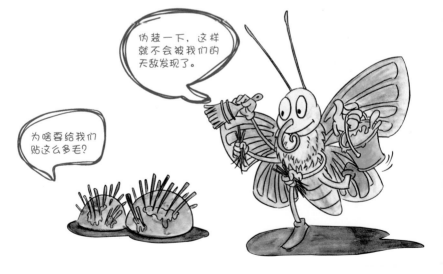

伪装一下，这样就不会被我们的天敌发现了。

为啥要给我们贴这么多毛？

三、蝴蝶的幼虫

　　幼虫是鳞翅目昆虫发育的第二阶段，也是较为重要的阶段。幼虫通常取食叶片，但某些种类为肉食性，取食蚜虫、介虫或者蚂蚁的幼虫。幼虫的发育成败取决于赖以生存的食物供给、环境气候以及天敌的影响等多方面制约，任何一方面失衡，都将影响蝴蝶的发育。我国蝶种数量丰富，幼虫形态随之多样，目前还有超过一半以上的蝴蝶幼虫态未被发现。在此介绍常规蝴蝶的幼虫形态，希望广大爱好者和研究者一起为解开更多蝴蝶幼虫态之谜而共同努力。

 ## 蝴蝶幼虫的形态与构造

　　长筒状和蛞蝓状，身体柔软、膜质，躯体由一环一环组成，称为体节，由头、胸、腹三部分组成。

柱菲蛱蝶

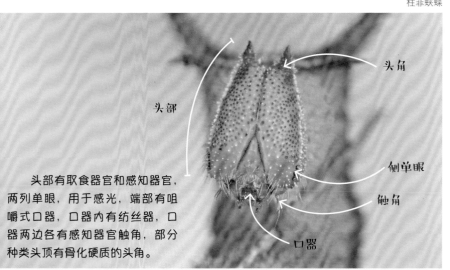

　　头部有取食器官和感知器官，两列单眼，用于感光，端部有咀嚼式口器，口器内有纺丝器，口器两边各有感知器官触角，部分种类头顶有骨化硬质的头角。

腹部共11节，从第1腹节到第8腹节两侧下方有气门，用于呼吸。第3至第10腹节下具有短粗腹足，第11腹节的腹足为臀足。足部下方具有原足钩，用于攀附。胸部分三部节，分别为前、中、后胸，对应各胸节下方，为3对前足，中足、后足，也称为步足。

后胸

中胸

前胸

头部

侧单眼

胸足

气门

第1腹节
第2腹节
第3腹节
第4腹节

第1腹足
第2腹足
第3腹足
第4腹足
第5腹足（臀足）

第5腹节
第6腹节
第7腹节
第8腹节
第9腹节

10+11腹节
（通常第10与第11腹节愈合）

蝴蝶幼虫蜕皮

一龄幼虫体外长满原生刺毛，每蜕一次皮，将原来角质化头壳完全卸下，从胸部开始"钻"出来。蝴蝶幼虫从卵孵化后为一龄虫，可以理解为一岁；根据不同种类蝴蝶，龄期从 4~12 龄不等，幼虫生长到最后一龄称末龄虫，这时等待的是要化蛹。绝大部分幼虫龄期是固定的，但某些种类因营养或气候因素，在不同地域及不同气候出现龄期不同的现象也属正常。通常龄期不固定的种类大部分是一年一世代的蝴蝶，而且幼虫期长达 10 个月。人工饲养这类蝴蝶幼虫，在人为改变自然环境的条件下，也会出现龄期各不相同的情况。

准备蜕皮的多尾凤蝶幼虫

蜕皮后的多尾凤蝶幼虫

刚蜕皮的长尾褐蚬蝶幼虫

刚蜕皮的新月带蛱蝶幼虫

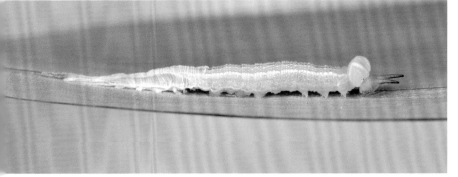

正在蜕皮的眼蝶幼虫

翠蛱蝶幼虫蜕皮组图

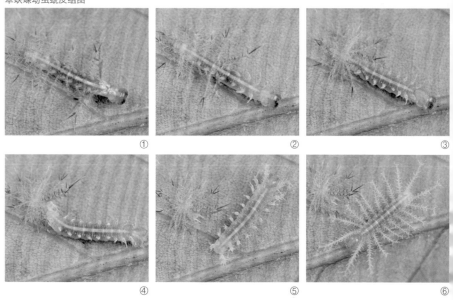

① ② ③

④ ⑤ ⑥

蝴蝶幼虫蜕头壳

　　每蜕一次皮，幼虫头部会增大许多，犹如换面具一样。许多幼虫蜕皮后，会转身把旧皮吃掉。

眼蝶幼虫蜕头壳组图

① ② ③

④ ⑤ ⑥

蝴蝶幼虫的头壳

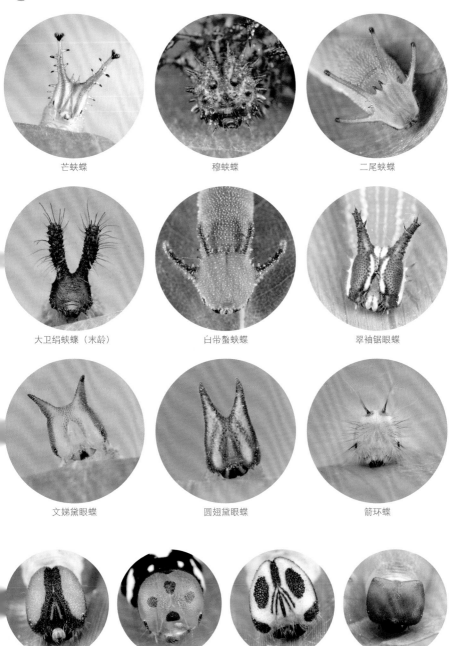

芒蛱蝶

穆蛱蝶

二尾蛱蝶

大卫绢蛱蝶（末龄）

白带螯蛱蝶

翠袖锯眼蝶

文娣黛眼蝶

圆翅黛眼蝶

箭环蝶

黑脉长标弄蝶

半黄绿弄蝶

印度谷弄蝶

沾边裙弄蝶

5 蝴蝶的各龄期幼虫

　　幼虫各龄期长相会一样吗？其实是有变化的，部分种类变化较小，但大部分种类变化较大，特别是在进入末龄期，跟之前龄期完全不相同。通过记录观察头部颜色、头角、腹部花纹等，会在饲养过程中增加不少乐趣和惊喜。

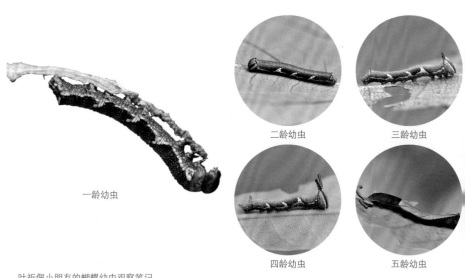

一龄幼虫

二龄幼虫

三龄幼虫

四龄幼虫

五龄幼虫

叶祈佩小朋友的蝴蝶幼虫观察笔记

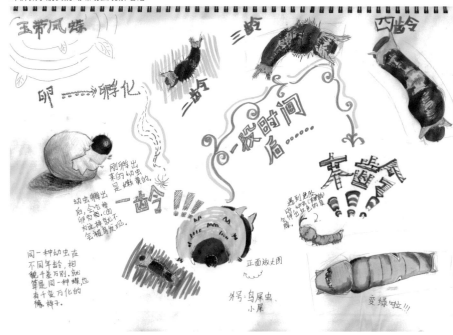

蝴蝶幼虫的身体颜色

有部分种类幼虫体内外的颜色会根据寄主颜色不同而产生差异，这种现象较常出现于灰蝶科和蛱蝶科种类。这是由于不同颜色的色素进入幼虫体内残留而造成，也为幼虫提供一个很好的保护色。

羚环蛱蝶幼虫（绿色）

千金榆的树叶在有的地区是绿色的

羚环蛱蝶幼虫（红色）

千金榆的树叶在有的地区是红色的

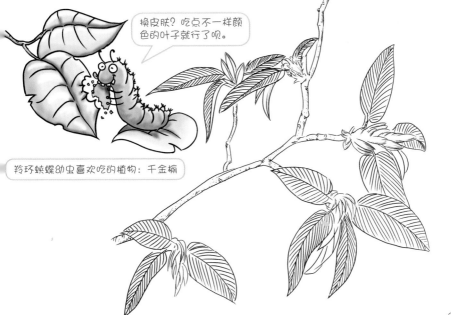

换皮肤？吃点不一样颜色的叶子就行了呗。

羚环蛱蝶幼虫喜欢吃的植物：千金榆

认识各种各样的蝴蝶幼虫

凤蝶科 (Papilionidae)

凤蝶幼虫体表光滑，头胸之间有隐藏的臭角，部分种类有柔毛或软肉刺，胸部有大型假眼、斑点、花纹，长相犹如海参，部分种类颜色鲜艳。

燕凤蝶幼虫

碧凤蝶幼虫

多尾凤蝶幼虫

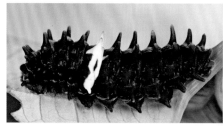
红珠凤蝶幼虫

宽尾凤蝶幼虫

丝带凤蝶幼虫

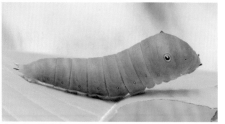
碎斑青凤蝶幼虫

铁木剑凤蝶幼虫

小黑斑凤蝶幼虫

斜纹绿凤蝶幼虫

中华虎凤蝶幼虫

小红珠绢蝶幼虫

粉蝶科 (Pieridae)

粉蝶科幼虫最典型特征是身体细长，大部分身体有长毛。

灵奇尖粉蝶幼虫

东方菜粉蝶和菜粉蝶幼虫

鹤顶粉蝶幼虫

报喜斑粉蝶幼虫

黑脉园粉蝶幼虫

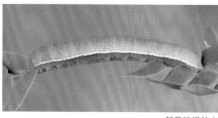

某黄粉蝶幼虫

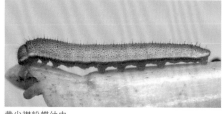

黄尖襟粉蝶幼虫

绢粉蝶幼虫

圆翅钩粉蝶幼虫

飞龙粉蝶幼虫

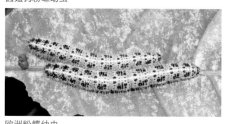

欧洲粉蝶幼虫

完善绢粉蝶幼虫

 蛱蝶科 (Nymphalidae)

除了斑蝶亚科外，大多数亚科头部有角、身体光滑、长硬刺或长毛。

尖翅翠蛱蝶幼虫

波蛱蝶幼虫

忘忧尾蛱蝶幼虫

黑脉蛱蝶幼虫

枯叶蛱蝶幼虫

链环蛱蝶幼虫

琉璃蛱蝶幼虫

幸福带蛱蝶幼虫

猫蛱蝶幼虫

栗铠蛱蝶幼虫

斐豹蛱蝶幼虫

白带锯蛱蝶幼虫

苎麻珍蝶幼虫

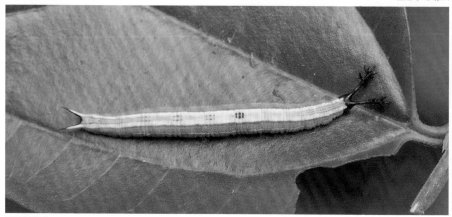

罗蛱蝶幼虫

（1）斑蝶亚科 (Danainae)

大帛斑蝶幼虫

金斑蝶幼虫

绢斑蝶幼虫

史氏绢斑蝶幼虫

（2）闪蝶亚科 (Morphinae)

串珠环蝶幼虫

凤眼方环蝶幼虫

箭环蝶幼虫

纹环蝶幼虫

（3）绢蛱蝶亚科 (Calinaginae)

（4）喙蝶亚科 (Libytheinae)

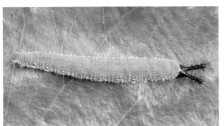

大卫绢蛱蝶幼虫

朴喙蝶幼虫

（5）眼蝶亚科 (Satyrinae)

白斑眼蝶幼虫

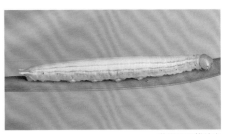

蓝斑丽眼蝶幼虫

蒙链荫眼蝶幼虫

曲纹黛眼蝶幼虫

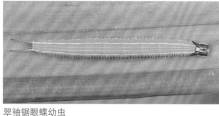

翠袖锯眼蝶幼虫

小眉眼蝶幼虫

 ## 灰蝶科 (Lycaenidae)

灰蝶科幼虫形状像蛞蝓，许多种类与蚂蚁有共生关系，身体有喜蚁器。

三滴灰蝶幼虫

斑灰蝶幼虫

豹斑双尾灰蝶幼虫

玳灰蝶幼虫

尖翅银灰蝶幼虫

克灰蝶幼虫

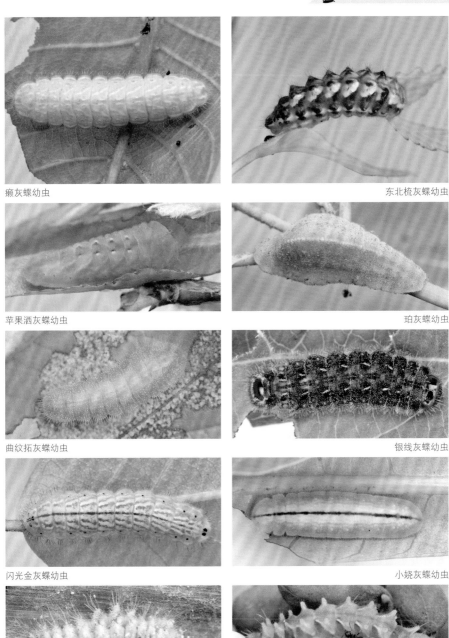

癞灰蝶幼虫

东北梳灰蝶幼虫

苹果洒灰蝶幼虫

珀灰蝶幼虫

曲纹拓灰蝶幼虫

银线灰蝶幼虫

闪光金灰蝶幼虫

小娆灰蝶幼虫

蚜灰蝶幼虫

燕灰蝶幼虫

（1）蚬蝶亚科 (Riodininae)

斜带缺尾蚬蝶幼虫

拟白带褐蚬蝶幼虫

长尾褐蚬蝶幼虫

彩斑尾蚬蝶幼虫

白蚬蝶幼虫

 弄蝶科 (Hesperiidae)

头部像面具，会筑巢隐居，最后一腹节有弹射器，可把粪便弹开。

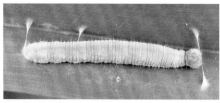

白斑蕉弄蝶幼虫

白触星弄蝶幼虫

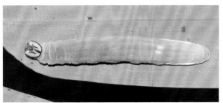

盒纹孔弄蝶幼虫

黑豹弄蝶幼虫

玛弄蝶幼虫

黄斑酣弄蝶幼虫

黄裳肿脉弄蝶幼虫

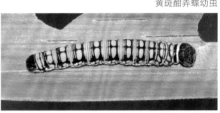

拟稿琶弄蝶幼虫

双带弄蝶幼虫

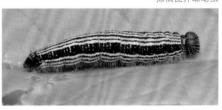

无趾弄蝶幼虫

腌翅弄蝶幼虫

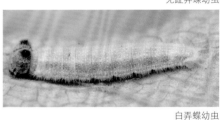

白弄蝶幼虫

窗斑大弄蝶幼虫

匪夷捷弄蝶幼虫

🎱 区分蝶蛾幼虫

　　幼虫都对人体有害吗？都有毒吗？这问题相信初学者都非常关心。蝴蝶幼虫体表的毛或刺都没有毒，都不会对人体造成任何伤害。给人体带来过敏的往往是部分体表带有毒毛的蛾类幼虫，它们通常是毒蛾科、枯叶蛾科、刺蛾科的种类，体表光滑无任何毛刺的幼虫，都对人体无害。

刺蛾幼虫

带蛾幼虫

伸出蓝色毒毛的枯叶蛾幼虫

毒蛾幼虫

　　在野外看到幼虫，如何判断是蝶类还是蛾类幼虫？相信很多读者都想了解。以下总结蛾类幼虫的特点，排除这些特征可能就是蝴蝶幼虫了。

　　①尾部有"天线"，即腹节末端有一根长长的尾巴，这是天蛾科和舟蛾科幼虫的特征。

天蛾科幼虫

舟蛾幼虫

②行走时候，身体一弯一伸，后足长，伸出身体外，胸足与腹足分离远，会伪装成树枝。这类幼虫通常是尺蛾科。

尺蛾幼虫

尺蛾幼虫

③身体扁平，颜色鲜艳，背部及身体两侧有硬刺或者全身光滑。这类幼虫是刺蛾科。有刺的种类，碰触会产生剧痛。体表光滑的则不会。

刺蛾幼虫

刺蛾幼虫

④头部有辫子一样的毛束，身体两侧和背部有不同眼色及大小的毛束，颜色较鲜艳。这类幼虫几乎都是毒蛾科。毒蛾科少数种类会引起皮肤过敏。

毒蛾幼虫

毒蛾幼虫

⑤身体两侧有长毛束，部分种类头部有辫子一样的毛束，遇到危险时胸部伸出毒毛，身体颜色大多都偏暗淡或带有拟态颜色。这类幼虫通常是枯叶蛾科，大部分种类会引起皮肤过敏。

枯叶蛾幼虫

枯叶蛾幼虫

枯叶蛾幼虫

⑥幼虫静止及栖息时身体弯曲，呈"S"形，后足长。通常有这个特征的是夜蛾科。

枯叶夜蛾幼虫

夜蛾幼虫

⑦每腹节背部尖凸出或每腹节背部有短刺毛束。通常有这个特征的是大蚕蛾科。

大蚕蛾幼虫

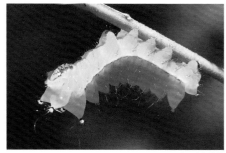

大蚕蛾幼虫

⑧身体上毛束浓密发达，有部分稀疏毛特别长。通常有这个特征的是灯蛾科。

⑨身体满布白色蜡状粉末，腹节背部有凸起絮状物。这类通常是凤蛾科。

灯蛾亚科幼虫

凤蛾幼虫

⑩头部毛束浓密，各腹节背部及两侧有并拢的毛束。通常有这个特征的是带蛾科。碰触毛刺会刺入残留皮肤，并产生过敏。

⑪有一类幼虫，胸足发达并外露，有时身体弯卷，大部分群居栖息。这类是叶蜂幼虫。

带蛾幼虫

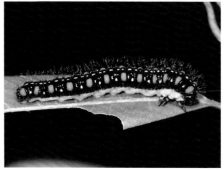

叶蜂

四、蝴蝶的蛹

蝴蝶蛹的介绍

当成熟幼虫出现不进食、静止不动并将体内多余水分及粪便进行排清，虫体出现半透明的情况，就说明幼虫要进入化蛹状态。下一步，老熟幼虫将会寻找合适的地方进行化蛹，吐丝固定后即进入化蛹状态。此时称为"前蛹状态"。

蝴蝶的蛹称为"被蛹"，蛹体外没有任何包裹物。蛾类的蛹体外通常有丝织成包裹物，称为茧。蛹的结构与幼虫结构几乎一致，也分为头、胸、腹三部分，只是头部结构已经跟原来幼虫头部结构完全不同。此时头部已经出现蝴蝶的维形，大大的复眼、长长的触角显然易见，头部往后是胸部，两边为翅区，末端为腹部。

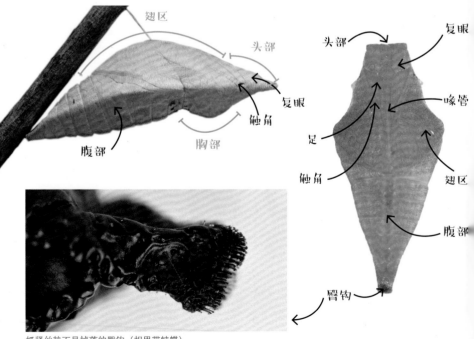

抓紧丝垫不易掉落的臀钩（相思带蛱蝶）

蛾类吐丝织茧包裹着蛹，称为茧

蝴蝶的蛹没有包裹物，称为蛹

蝴蝶蛹的固定方式

幼虫前蛹固定的方式一般分2种，蛹体根据不同的附着方式分为悬蛹和缢蛹。所谓悬蛹，可以理解成悬挂和倒挂的蛹，头部向下，臀部向上倒挂附着，蛹体通过腹部末端臀钩做唯一一个着丝点，通常这类化蛹方式在蛱蝶类常见；而缢蛹除了腹部末端着丝固定之外，在胸部还缠绕一根丝作为第二个附着吊点，一般凤蝶、灰蝶、粉蝶会选用这种方式化蛹。大部分绢蝶属的蝴蝶会吐丝包裹而化蛹其中，弄蝶科的全部种类在栖息的叶巢内化蛹，部分眼蝶幼虫会钻到泥土里化蛹。

悬蛹（圆翅黛眼蝶）

缢蛹（裳凤蝶）

巢内化蛹（毛刷大弄蝶）

到泥里化蛹的（蛇眼蝶）

 认识各种蝶蛹

蝴蝶的蛹期一般为 7~20 天，也有部分蝴蝶以蛹越冬，蛹期长达半年至 10 个月，甚至更长。

凤蝶科 (Papilionidae)

缢蛹与薄茧蛹，颜色为绿色、粉红色及模拟树枝形状与颜色，部分蛹体受惊时会快速连续收缩腹部，产生嘶嘶响声。

宽带凤蝶蛹

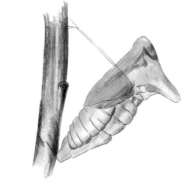

金斑喙凤蝶蛹

模拟树枝的小黑斑凤蝶蛹

西藏钩凤蝶蛹

金裳凤蝶蛹

云南麝凤蝶蛹

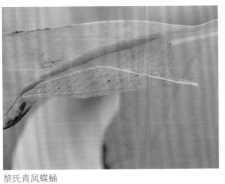

黎氏青凤蝶蛹

中华虎凤蝶蛹

绢蝶属 (*Parnassius*)

做薄丝包裹的绢蝶蛹

弄蝶科 (Hesperiidae)

　　缢蛹，在栖息的叶巢内化蛹，蛹体白色、绿色或半透明状，部分种类蛹表有粉蜡质附着。

窗斑大弄蝶蛹

无趾弄蝶蛹

角翅弄蝶蛹

沾边裙弄蝶蛹

白触星弄蝶蛹

黄斑弄蝶蛹

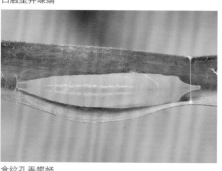

盒纹孔弄蝶蛹

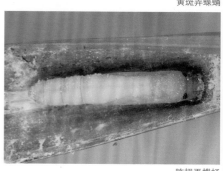

腌翅弄蝶蛹

 粉蝶科 (Pieridae)

　　缢蛹，颜色多为绿色、白色及红黑色，通常伴有斑纹，部分种类背部有细锯齿，头部有突起。

宽边黄粉蝶蛹

大翅绢粉蝶蛹

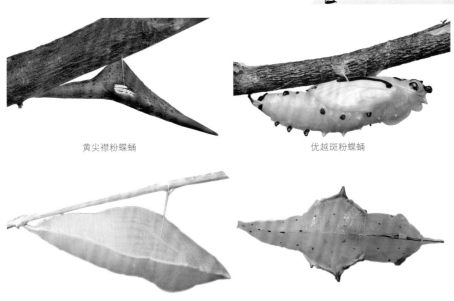

黄尖襟粉蝶蛹

优越斑粉蝶蛹

梨花迁粉蝶蛹

灵奇尖粉蝶蛹

灰蝶科 (Lycaenidae)

　　缢蛹，大多为椭圆形，颜色暗淡，通常为灰褐色、黄褐色、黑色及绿色，背部有明显斑纹，部分种类头部有尖角，许多种类难以据蛹辨别。

莱灰蝶蛹

德彩灰蝶蛹

璐灰蝶蛹

雾社金灰蝶蛹

银线灰蝶蛹

长尾蓝灰蝶蛹

双尾灰蝶蛹

安灰蝶蛹

蚬蝶亚科 (Riodininae)

大斑尾蚬蝶蛹

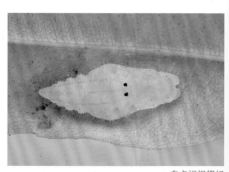

白点褐蚬蝶蛹

斜带缺尾蚬蝶蛹

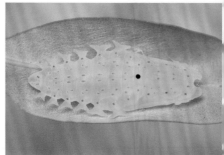

长尾褐蚬蝶蛹

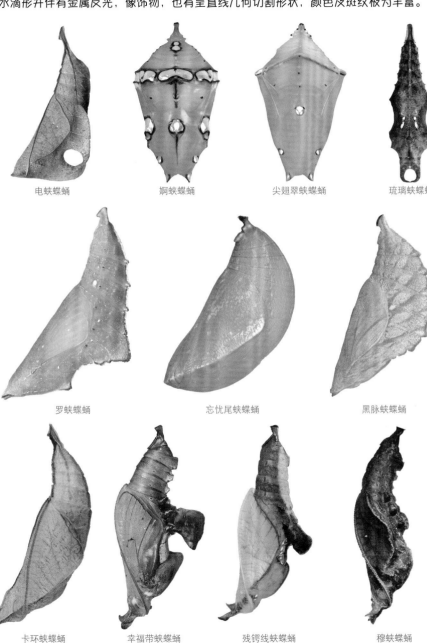

蛱蝶科 (Nymphalidae)

悬蛹，颜色及形状多样。通常头部和腹部有尖钩或者突出，背部突出，部分外观呈水滴形并伴有金属反光，像饰物，也有呈直线几何切割形状，颜色及斑纹极为丰富。

电蛱蝶蛹　　婀蛱蝶蛹　　尖翅翠蛱蝶蛹　　琉璃蛱蝶蛹

罗蛱蝶蛹　　忘忧尾蛱蝶蛹　　黑脉蛱蝶蛹

卡环蛱蝶蛹　　幸福带蛱蝶蛹　　残锷线蛱蝶蛹　　穆蛱蝶蛹

栗铠蛱蝶蛹

斐豹蛱蝶蛹

苎麻珍蝶蛹

钩翅眼蛱蝶蛹

（1）斑蝶亚科 (Danainae)

大帛斑蝶蛹

虎斑蝶蛹

绢斑蝶蛹

异型紫斑蝶蛹

（2）闪蝶亚科 (Morphinae)

凤眼方环蝶蛹

箭环蝶蛹

灰翅串珠环蝶蛹

（3）眼蝶亚科 (Satyrinae)

蒙链荫眼蝶蛹

密纹矍眼蝶蛹

小眉眼蝶蛹

白斑眼蝶蛹

翠袖锯眼蝶蛹

尖尾黛眼蝶蛹

直带黛眼蝶

（4）绢蛱蝶亚科 (Calinaginae)

大卫绢蛱蝶蛹

大卫绢蛱蝶蛹（侧面）

（5）喙蝶亚科 (Libytheinae)

朴喙蝶蛹

五、蝴蝶羽化

　　成蝶是蝶类发育的最后一个阶段。蝶蛹经过一定时间的发育之后，最先看到的是眼睛部分，渐渐再看到翅膀和腿，直至蛹内整只蝴蝶的雏形都可清晰观察到。也有部分蝶种无法观察到发育状态，主要是因为蛹壳颜色较深，特别是模仿树枝的一类蝶蛹。

模拟树枝的小黑斑凤蝶蛹　　　　　　　　　　　　　　　清晰看到蛹内发育的大翅绢粉蝶蛹

　　羽化在即，蝴蝶在蛹体内腹部用力向外顶，使胸部背线及头部连线处同时破裂，头部触角和喙管最先伸出，足部向外伸展，牢牢捉住外物或蛹壳，用力将翅膀和腹部一起拉出蛹壳，将体内暗红色排泄物排出体外。这个过程用时很短，通常要在1分钟内将整套动作完成，否则蝴蝶很可能会羽化失败。

　　蝴蝶刚破蛹而出时翅膀皱缩，它们会迅速找到合适位置保持静止，身体朝上、翅膀向下，期间透过翅脉向翅膀充血，使翅膀伸展（此时可观察到蝴蝶翅膀在不断伸展"长大"），直至整个翅膀完全伸展开。这个过程用时约5分钟，但此时翅身柔软，不能飞翔，须时隔1~2个小时才能振翅高飞。

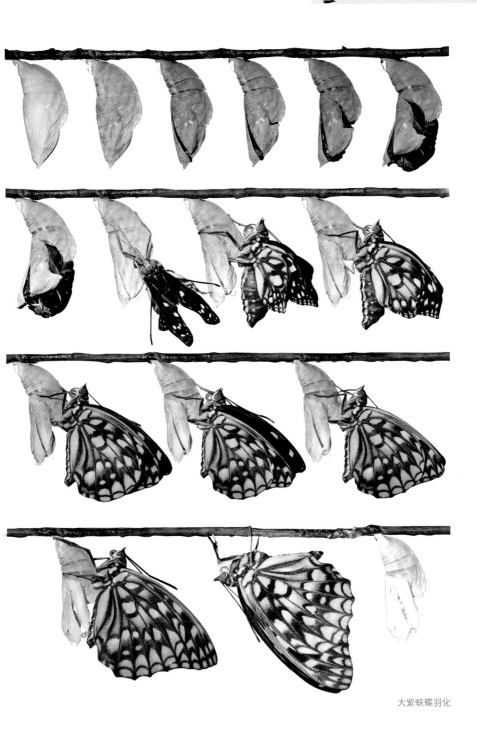

大紫蛱蝶羽化

蝴蝶在什么时间羽化？很多人都会提这样一个问题，通过人工饲养发现，蝴蝶会选择天亮前羽化。笔者通过多次的观察发现，蝴蝶羽化瞬间是有一定规律的。当我们发现蛹内蝴蝶斑纹清楚的时候，往往还没到真正羽化的时机，蝴蝶在蛹里还有另外一套动作——把身体跟蛹体隔开。这时候会发现，蛹内蝴蝶慢慢变得没有之前看得那么清楚了，这说明蝴蝶已经跟蛹体脱离，翅膀及身体已经不贴近蛹壳。相信大家日后再认真观察几次便可找到规律，观察蝴蝶羽化也就不再是什么难事了。

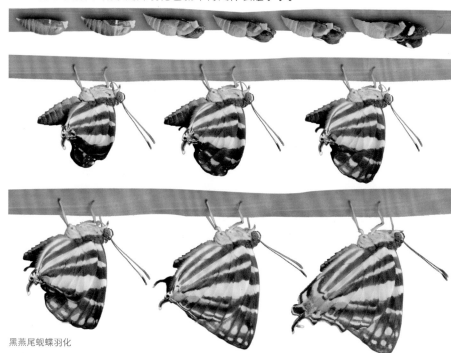

黑燕尾蚬蝶羽化

不是所有蝴蝶都能顺利羽化，在幼虫或者蛹的发育过程出现不良，将会产生连锁反应，影响蝴蝶羽化：幼虫发育不好——影响化蛹或者化蛹失败——影响羽化。羽化失败的蝴蝶会出现翅膀无法充血伸展、翅膀或者身体某部分卡在蛹里，也有蝴蝶直接死在蛹内，无力破蛹而出，这些情况时有发生。

羽化不好的平顶眉眼蝶

羽化不顺利的黄粉蝶

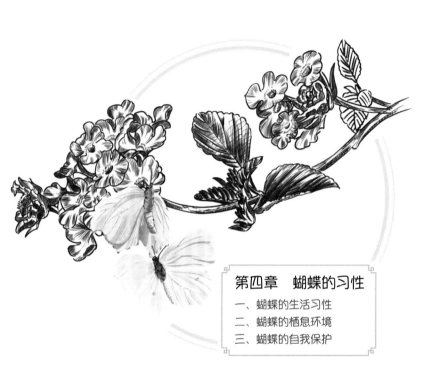

第四章　蝴蝶的习性

一、蝴蝶的生活习性
二、蝴蝶的栖息环境
三、蝴蝶的自我保护

一、 蝴蝶的生活习性

　　蝴蝶的一生由卵到成虫，各个阶段都有不同的习性，这些不同习性的目的也只有一个，就是繁衍后代。

 ## 蝴蝶产卵习性

　　雌性蝴蝶的使命是要繁衍后代，它们会尽职尽责地寻遍山中每一个角落，找到正确的寄主，然后在寄主合适的部位产卵，不断重复这个过程直至生命的结束。当我们看到一只蝴蝶在植物旁低频率慢飞徘徊的时候，说明雌性蝴蝶正在寻找产卵的地方。蝴蝶是通过触角感知寄主散发的气味，找到疑似寄主后，再使用前足轻碰寄主的叶片，再次确认寄主是否正确，如判断有误，立即飞离。所以，我们可以观察到一只雌性蝴蝶在附近的各种植物上轻碰，然后马上起飞，重复多遍，而雄蝶并无此种行为。

选择地方产卵的大翅绢粉蝶组图

当确认寄主无误后，雌性蝴蝶便会在寄主合适的位置停下，然后弯曲腹部，将卵黏附在寄主上。产卵的时间因蝶种而定：通常只产一枚卵的蝶种称"单产"，会在 10~20 秒钟内完成一个产卵动作；而一次产多枚卵的称"群产"。群产的蝶种产卵时间通常较长，曾经看过箭环蝶产卵，用时长达半个小时。群产里因不同蝶种分为整齐平铺群产、堆叠群产和层层叠加群产，这样的产卵习性是为了避免寄生蜂的侵害，力保其中有部分卵能成功孵化。

产卵中的苎麻珍蝶

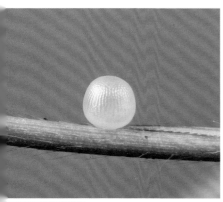

单产的密纹矍眼蝶卵

群产的箭环蝶卵

产卵的虎斑蝶

产卵的箭环蝶

产卵的网丝蛱蝶

产卵的玉斑凤蝶

产卵中的印度谷弄蝶

花蕾上产卵的东亚燕灰蝶

嫩叶上产卵的宽边黄粉蝶

叶反面产卵的绢蛱蝶

能看到雌蝶产卵的时间多为清晨或傍晚，有时候阴天甚至下毛毛细雨，都不影响雌蝶产卵。这一举动无疑是为了躲避更多的天敌攻击，尽力繁衍更多后代。

曾经有一次在山中寻蝶，当时下着细雨，发现远处的林下有黑色蝴蝶在慢飞，脑里马上就反应过来，这是一只雌性蝴蝶在寻找地方产卵。追近观察后发现判断正确，正是雌性的多姿麝凤蝶在产卵。

如何找到蝶卵

在野外，并不能经常看到雌蝶产卵。那么我们如何才能找到蝶卵呢？第一，要事先了解蝴蝶的寄主植物。才能提高找到蝶卵的概率；第二，要了解蝴蝶产卵的习性；第三，要有一定的耐心，慢慢翻查寄主寻找。

蝴蝶有怎样的产卵习性？这是一个较为复杂的问题。笔者经过多年野外观察发现，总结出以下几种：

蝴蝶在寄主植物上的产卵位置

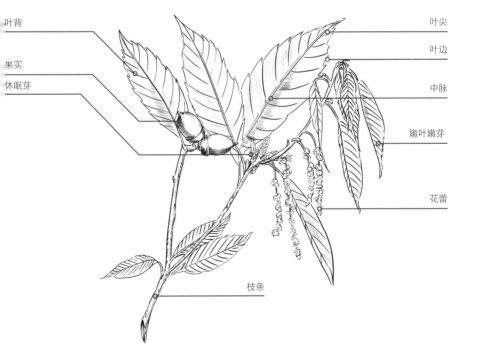

叶背　果实　休眠芽　叶尖　叶边　中脉　嫩叶嫩芽　花蕾　枝条

（1）寄主的叶

　　叶面的产卵位置有所讲究，有的产在叶尖上，有的产在主叶脉中间，有的较为随意，有的只选择嫩叶产卵，有的选择老叶上产卵……不同蝶种产卵的位置有所不同。

单产于寄主正面叶尖的新月带蛱蝶卵

群产于寄主正面叶尖的密纹飒弄蝶卵

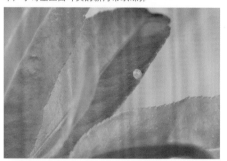

单产于寄主嫩叶任何位置的玉带凤蝶卵

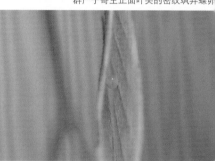

单产于寄主嫩叶内部的斜纹绿凤蝶卵

群产于寄主叶面边缘的豹斑双尾灰蝶卵

单产于寄主叶面中部的宽尾凤蝶卵

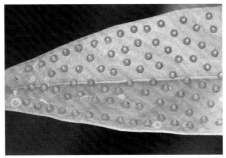

群产于寄主叶面靠前半部的布翠蛱蝶卵

有的在叶背的边缘、叶背的中部产卵，有的在叶背任何位置产卵。

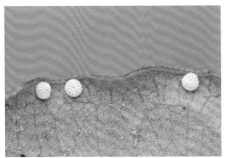

单产于寄主反面边缘的古铜彩灰蝶卵

单产于寄主反面的弥环蛱蝶卵

群产于寄主反面的某翠蛱蝶卵

群产于寄主反面的斜带缺尾蚬蝶卵

（2）寄主的枝条

有的在枝条上老叶脱落的叶柄位置产卵，有的在枝条的下方、枝条的叉位、枝条的疙瘩位置产卵，有的甚至选择在树皮的缝隙间产卵。

群产于寄主枝条上的闪光金灰蝶卵

单产于寄主枝条底部的黎氏璀灰蝶卵

单产于寄主枝条老叶脱落位置的何华灰蝶卵

单产于寄主枝条上的克灰蝶卵

群产于寄主树皮缝隙上的大洒灰蝶卵

（3）寄主的花蕾外及花蕾里

　　大部分种类将卵产于花蕾附近，也有将卵产于花蕾内的。

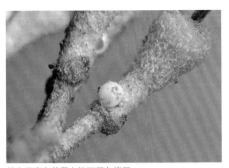

单产于寄主花蕾上的双尾灰蝶卵

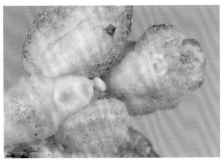

单产于寄主花蕾边的亮灰蝶卵

单产于寄主花蕾上的黄尖襟粉蝶卵

单产于寄主花蕾边的淡黑玳灰蝶卵

（4）寄主果实外部

单产于寄主果实外的绿灰蝶卵

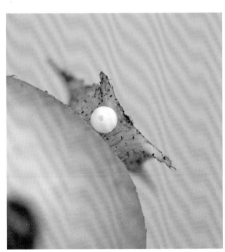

单产于寄主果实外的绿灰蝶卵

（5）寄主的休眠芽

大部分线灰蝶族的种类会选择在寄主的休眠芽头边产卵，等来年芽头萌芽的时候，幼虫随即苏醒破卵而出。

单产于寄主休眠芽头内侧的裂斑金灰蝶

聚产于寄主休眠芽边的冷灰蝶卵

🍁 寄主以外的植物或物体

部分蝶种会将卵产在寄主附近的其他植物上，甚至附近的枯叶、石头都是产卵场所，用以逃避天敌。

单产于寄主附近的裳凤蝶卵

单产于寄主下面枯叶上的斑星弄蝶卵

🍁 与蚂蚁共栖的蝶类

银线灰蝶属蝴蝶会选择在有蚂蚁活动的寄主上产卵，条件是寄主上必须有蚂蚁巢。它们会选择在蚂蚁经常走过的路径上产卵，多数选择举腹蚁种。三尾灰蝶也有相同特性，但其会将卵直接产在蚁巢外。

三尾灰蝶把卵产在蚁巢外，幼虫生活在蚁巢里

有一类蝴蝶，它们会选择在空中投产在寄主附近的地上，随机投产。这种鲜有耳闻的特殊产卵习性通常出现于眼蝶亚科的阿芬眼蝶属、蛇眼蝶属及贝眼蝶属。

空中投产的蛇眼蝶卵

🌿 肉食性蝶类

雌蝶会将卵产在蚜虫堆里、蚂蚁巢上或者蚂蚁巢边的植物上。对于选择何种蚜虫及蚁巢，它们也有所讲究。

德锉灰蝶幼虫以蚜虫为食，雌蝶将卵产于蚜虫附近

单产于竹蚜虫附近的蚜灰蝶卵

🐛 蝴蝶幼虫习性

蝴蝶的幼虫期有长有短，最短的10多天，最长的可达到10个月。通常一年多世代的常见蝶种的幼虫期较短；一年一世代的种类，幼虫期长短不一。

蝴蝶都是变温动物，当天气较冷，它们的生长速度会较慢或者滞育，当超过忍受的极限时会死亡；当温度上升时，新陈代谢及生长速度都会加快，幼虫期就会缩短。所以，热带地区蝴蝶数量较多，蝴蝶种类也较多。

幼虫的栖息地点取决于雌蝶的选择。这种选择是多代基因记忆积累所致，那些能成功羽化出成蝶的地方，下一代的蝴蝶通常会继续优先选择。一个好的繁衍场所会被多只甚至多种成蝶选择，只要栖息地不被破坏，蝴蝶就可以生生不息。

凤蝶科 (Papilionidae)

　　一般栖息在叶面、叶背或细枝上，大龄虫有时候会在植物的茎上栖息。大部分绢蝶亚科种类生活在寒冷的高海拔山上，主要栖息在寄主附近的石头缝隙里。

停留在枝条上的蓝凤蝶末龄幼虫

裳凤蝶幼虫

停在叶背的红珠凤蝶幼虫

在寄主叶面上的宽尾凤蝶末龄幼虫

藏身于寄主嫩叶间里的斜纹绿凤蝶一龄幼虫

在寄主枝条上的统帅青凤蝶末龄幼虫

栖息在叶面上的褐钩凤蝶幼虫

小红珠绢蝶幼虫

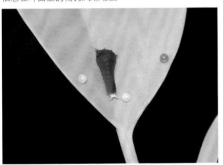

在寄主嫩叶上的碎斑青凤蝶幼虫

在寄主叶背上休息的多姿麝凤蝶幼虫

在寄主枝条上的统帅青凤蝶末龄幼虫

在寄主枝条上的金凤蝶幼虫

粉蝶科 (Pieridae)

　　有群栖和独栖的种类。独栖的种类一般都在叶面或者叶茎上，化蛹在叶背或叶茎，例如黄粉蝶属、橙粉蝶属等。群栖型类群有斑粉蝶属和绢粉蝶属：斑粉蝶属成群栖息在叶片或叶茎上；绢粉蝶属会使用枯叶与丝做成一个简易的巢，群居在里面越冬，巢通常在寄主上。

鹤顶粉蝶幼虫

在寄主叶面上的梨花迁粉蝶幼虫

欧洲粉蝶幼虫

某绢粉蝶幼虫越冬叶巢

蛱蝶科 (Nymphalidae)

　　幼虫习性多样。线蛱蝶亚科把叶尖吃掉剩下叶脉，幼虫栖息在叶脉上，并用粪便将去往叶脉的路围住，通常这条叶脉叫"粪桥"。大部分在叶面栖息，部分在叶背；还有的栖息在寄主附近的隐蔽处。其他的还有群栖习性的种类，以及有做叶巢的种类。

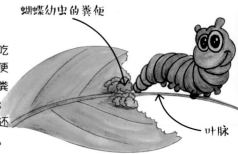

蝴蝶幼虫的粪便

叶脉

在寄主叶尖中脉上的珠履带蛱蝶幼虫

停留在寄主叶脉上的低龄素饰蛱蝶幼虫

在寄主叶面上的末龄素饰蛱蝶幼虫

在寄主叶脉上的中环蛱蝶幼虫

停留在寄主末端粪桥上的玉杵带蛱蝶幼虫

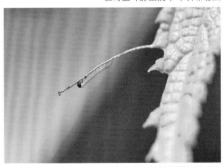

停在粪桥上的秀蛱蝶低龄幼虫

在寄主叶面的秀蛱蝶末龄幼虫

隐藏在枯叶上的苾蟠蛱蝶幼虫

停在叶背的琉璃蛱蝶幼虫

停留在叶面上的红裙边翠蛱蝶幼虫

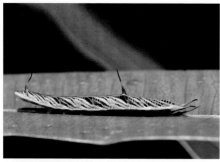

在叶面上的黄绢坎蛱蝶幼虫

在叶面上的二尾蛱蝶低龄幼虫

在寄主叶背的某铠蛱蝶幼虫

在叶背边缘的傲白蛱蝶幼虫

停留在寄主上的离斑带蛱蝶幼虫

模拟寄主嫩叶尖的林环蛱蝶幼虫

钩翅眼蛱蝶幼虫吃痕

停留在寄主背面的钩翅眼蛱蝶幼虫

在寄主附近栖息的斐豹蛱蝶幼虫

大红蛱蝶幼虫的叶巢

在寄主边卷的大卫绢蛱蝶幼虫叶巢

在寄主边巢里的大卫绢蛱蝶幼虫

藏身于枯叶巢内的玛环蛱蝶幼虫

在棕榈上的嘉翠蛱蝶幼虫

拟态竹叶颜色的白斑眼蝶幼虫

在寄主反面叶柄位置的紫线黛眼蝶幼虫

曲纹黛眼蝶幼虫栖息在寄主背面

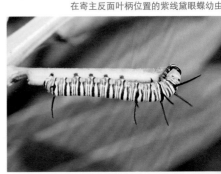

异型紫斑蝶幼虫栖息在寄主茎上

低龄金斑蝶幼虫栖息在寄主叶背

大帛斑蝶幼虫栖息在寄主茎上

大绢斑蝶幼虫栖息在寄主叶背

妒丽紫斑蝶幼虫栖息在寄主叶背

在吃寄主的串珠环蝶幼虫

群居在寄主上的纹环蝶末龄幼虫

 ### 灰蝶科 (Lycaenidae)

　　体型小，习性独特，多样性高。幼虫通常很受蚂蚁欢迎，会制作简单叶巢，与蚂蚁有共生关系，也有种类直接居住在蚂蚁巢。有部分种类肉食性。大部分线灰蝶属栖息于叶背，并咬断叶子主脉使之下垂。有群居习性种类。

在寄主花苞上的银线灰蝶幼虫

把寄主毛粘在身体上的冷灰蝶幼虫

在寄主上移动的斜带缺尾蚬蝶幼虫

停在寄主嫩叶反面的梅尔何华灰蝶幼虫

藏身于寄主枯叶背面的裂斑金灰蝶末龄幼虫

虎斑灰蝶幼虫叶巢

灰蝶幼虫把主叶脉咬断使叶子下垂

某娆灰蝶幼虫叶巢

打开叶巢后的某娆灰蝶幼虫

嫩叶芽上与举腹蚁共生的杨陶灰蝶幼虫

居住在举腹蚁巢内的三尾灰蝶幼虫

在寄主反面叶尖取食的白日双尾灰蝶幼虫

藏于寄主叶巢内的闪光金灰蝶幼虫

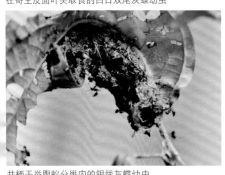

共栖于举腹蚁分巢内的银线灰蝶幼虫

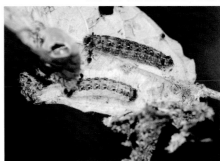

蚂蚁保护银线灰蝶幼虫

弄蝶科 (Hesperiidae)

从卵孵化出幼虫后便开始使用寄主叶片做巢，每换一次龄重新做一个更大的巢，直至化蛹也在巢内完成。那么，弄蝶幼虫的巢是怎样的呢？

不同种类的弄蝶的巢也不一样。通常竖翅弄蝶亚科种类会使用整片叶子或多片叶子对折而成。

其原理就像人类户外露营用的睡袋那样。

橙翅伞弄蝶幼虫叶巢

打开

绿弄蝶幼虫叶巢

绿弄蝶幼虫在叶巢内

打开

白伞弄蝶幼虫叶巢

白伞弄蝶幼虫在叶巢内

弄蝶亚科的种类通常在叶尖或叶边上做简单的巢，有的会把整片叶子卷起并向下垂，把入口封紧。

花裙陀弄蝶幼虫叶巢

在叶尖的弄蝶幼虫叶巢

大伞弄蝶低龄虫越冬叶巢

把寄主卷起来的拟玛弄蝶幼虫叶巢

姜弄蝶幼虫叶巢

我做窝是先把树叶的脉咬断，待叶子局部枯萎后就会自然形成一个窝了，吃饭造房子两不误哦。

黄裳肿脉弄蝶幼虫叶巢

花弄蝶亚科通常会在叶片上开出许多窗口，做出各种像鱼骨一样形状的巢。

有房子才好过冬。

白弄蝶幼虫叶巢

达弄蝶属幼虫叶巢

角翅弄蝶幼虫叶巢

毛脉弄蝶幼虫叶巢

明窗弄蝶幼虫叶巢

有的较简单，直接用两片叶子重叠盖住就行了。

就像人类盖被子一样。

窗斑大弄蝶幼虫叶巢

黑弄蝶幼虫叶巢

密纹飒弄蝶幼虫叶巢

打开

沾边裙弄蝶幼虫叶巢

沾边裙弄蝶幼虫在叶巢里

　　弄蝶的肛门有一个弹射器，排便时会将臀部伸出巢外，把粪便射到远处，所以一般弄蝶的巢很干净。但是也有几类在巢内排便，如玛弄蝶属和蕉弄蝶属。

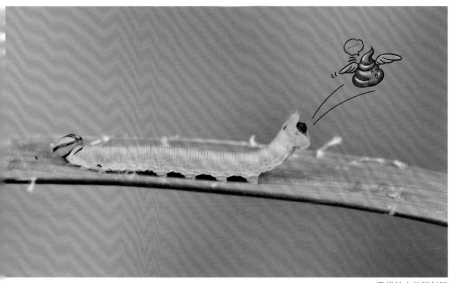

弄蝶幼虫的弹射器

111

毛毛虫变蝴蝶的奥秘

蝴蝶成虫习性

领域行为

大部分蝴蝶的雄蝶有守卫领域的习性，它们守卫的领域主要是雌蝶经过概率大的地方，或者是雌蝶产卵的地方。一个好的位置通常有较多的雄蝶相争，同种或不同种蝴蝶都会来抢夺，有些种类甚至会驱赶所有经过的蝴蝶。它们相遇后，会互相围绕转圈，忽高忽低同时飞行，有点像跳舞，输掉的一方会掉头就跑，赢方的会紧跟追随一会儿，然后返回原地栖息。

闪光金灰蝶争夺地盘互相打架

互相驱赶的某剑凤蝶

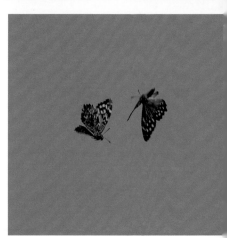

争夺地盘的布莱荫眼蝶

枯叶蛱蝶驱赶过往蝴蝶

霸占领域的白带黛眼蝶

占领地盘的钩形黄斑弄蝶

穆蛱蝶占领地盘，在寄主上等候雌蝶

🍁 登顶行为

　　在阳光明媚的清晨，山顶是一个热闹的地方。各种蝴蝶的雄蝶会顺着山形飞至山顶。山顶聚集着各类雄蝶在互相盘旋、相互追赶，像是在上演一场激烈的比武大会。雄蝶都在等待雌蝶的到来，待与雌蝶交尾后便纷纷下山。通常中午过后，太阳猛烈，蝴蝶聚集的数量会较少。

五指山顶的盈金灰蝶

🍀 求偶行为

许多动物有求偶的行为，蝴蝶也不例外。常看到雌蝶缓慢飞行，雄蝶在雌蝶旁四处围绕，若雌蝶不愿意，会停到树上，平摊翅膀、举起腹部表示不接受交尾，雄蝶只好飞走。

拒绝求爱的淡色钩粉蝶

雄蝶对于雌蝶散发出的气味尤为敏感，它们往往会在雌蝶要羽化的附近等待，于雌蝶羽化后未有飞行能力时就立即交尾。

自然界里的蝴蝶基本上是以雌选择雄，雌蝶会通过衡量雄蝶表现出来的各种特征来择偶，如雄蝶空中拍打翅膀的频率、雄蝶香囊散发出来的味道、雄蝶翅膀颜色的艳丽程度等。

等你追到了再说。

喂！美女别跑。

追逐示爱的玉带凤蝶

求爱的雄性毛眼灰蝶

（1）求爱成功

如果雌蝶接受雄蝶示爱，会站在雄蝶旁边不离开，等待雄蝶的交尾。

①雄蝶在雌蝶旁求爱

②雌蝶接受雄蝶求爱，雄蝶把腹部靠近雌蝶腹部

③腹部连接

④交尾成功

（2）交配中求偶

在交配过程中也有其他雄蝶会前来示爱，让雌蝶再次选择。

①一只雄性的小眉眼蝶来到一对正在交尾的小眉眼蝶旁

②雄性小眉眼蝶拍打翅膀，伸起腹部，让雌蝶接受它

③但是雌蝶并没有理会，飞去另外一处躲避　　④雄蝶穷追不舍，最终雌蝶也没选择它

🍃 活动时间

　　蝴蝶属于变温动物，随着气温的高低，体温也相应变化，所以蝴蝶活动直接受环境温度的影响。气温较低时，蝴蝶会停止活动。清晨时常可看到蝴蝶为了吸取更多热量而张开翅膀，等待体温上升后活动。有些蝴蝶不但会随气温变化而活动，而且会选择只有阳光照射的晴天才出来活动，而有一些则喜欢在阴天甚至细雨天气才活动。但也有一类蝴蝶在喜欢较寒冷的高山里活动，有些甚至达到雪线的高度，如绢蝶亚科的种类。

张开翅膀等待天气升温的元首绢蝶

清晨满布水珠的芒麻珍蝶

只选择大雾、阴天、小雨时出没的无趾弄蝶

　　蝴蝶大多在白天活动，但也有一些种类选择在傍晚活动，如伞弄蝶属、蕉弄蝶属及部分灰蝶和眼蝶。夜晚的灯光也会引来蝴蝶。

半黄绿弄蝶

蒙链荫眼蝶

橙翅伞弄蝶

林灰蝶

✿ 迁飞

　　对于鸟类的迁徙，人类的研究已经延续了几百年；而相对蝴蝶的迁徙，人们对其的了解就少得多了。与鸟类的迁徙不太一样的是：绝大多数蝴蝶的迁徙是单向的，即从出生地迁飞至一个新的地方；在迁徙的过程中，它们不仅单纯地迁飞，中途还会产卵，这也导致了种群的扩散。造成蝴蝶迁徙的主要因素包括种群数量过剩带来的压力、栖息地的破坏、气候变化等。会迁徙的蝴蝶也有其共同特点，即飞行能力强，相对其他蝶类的生存时间长，寄主种类多、分布较广。

最有名的蝴蝶迁徙是北美君主斑蝶的迁徙。每年成千上万只的君主斑蝶会从加拿大和美国北部迁飞至温暖的墨西哥越冬，而冬天结束后它们又飞回北方。

在东亚，人们会对一些斑蝶做上特殊的标记，记录其迁飞的路径。其中在日本的绢斑蝶有时会跨越海洋，被发现于中国的东南部，甚至远至菲律宾。

迁飞的斑蝶

迁粉蝶得名于其迁徙的特性，尤其是其非洲家族的成员，会大群大群地进行迁徙，跨过撒哈拉沙漠到达非洲的南部。

🍃 越冬

蝴蝶会以幼生期的不同阶段越冬，分别是卵越冬、幼虫越冬和蛹越冬。也有部分种类选择成蝶越冬，哪怕在下雪的北方依然有多种以成虫态越冬，它们成群在屋檐或者树洞里隐蔽冬眠，如孔雀蛱蝶。南方由于冬天气温不算低，不少蝴蝶会选择成虫越冬，越冬后待春天温度上升，便开始产卵繁衍。

豆娆灰蝶集体在屋檐下越冬

越冬的斑蝶群

越冬的斑蝶群

越冬的斑蝶群

🍃 食物

　　不同的蝴蝶，其食性也不同。访花吸蜜通常是蝴蝶最常见的取食方式，但也并不是所有蝴蝶都喜欢。树上流出来的树汁、发酵腐烂的野果、地上的矿物质、动物的排泄物甚至是尸体也都是蝴蝶的食物，偏爱吸取这些食物的通常都是蛱蝶科里的种类。

吸食花蜜的大红蛱蝶

吸食花蜜的大绢斑蝶

蚜灰蝶在吸食蚜虫分泌的蜜露

吸食树汁的华西箭环蝶和枯叶蛱蝶

吸食树汁的玉带黛眼蝶

吸食树汁的蒙链荫眼蝶

吸食菌类的网丝蛱蝶

吸食腐果的尖翅翠蛱蝶

吸食榴莲的窄斑凤尾蛱蝶

二尾蛱蝶群集吸食狗粪

吸食动物粪便的凤蝶群

吸食动物粪便的尖翅银灰蝶

吸食鸟粪的南岭陀弄蝶

吸食动物尸体的捻带翠蛱蝶

吸食动物尸体的窄斑凤尾蛱蝶

吸食动物尸体的蛱蝶群

吸食矿物质的大伞弄蝶

吸食矿物质的黄帅蛱蝶

🍁 喝水

通常会看到一大群各样的蝴蝶聚集在沟边和湿润的地方。它们是要喝水解渴吗？还是喜欢喝水？其实都不是，它们是要摄取水里面的矿物质。同种蝴蝶通常会相互吸引群集吸水。

正在喝水的琉璃灰蝶群

正在喝水的华东翠蛱蝶

正在喝水的飞龙粉蝶和黑脉园粉蝶

宽带青凤蝶一边吸水一边喷水

正在喝水的宽尾凤蝶群

正在喝水的碎斑青凤蝶群

二、蝴蝶的栖息环境

动物的地理区系

影响蝴蝶分布的主要因素为植被以及气候条件。根据目前动物地理区系的划分，我国以秦岭、淮河为界，以北为古北区，冬冷夏热，蝴蝶主要生活在温带、寒温带森林及温带草原；以南为东洋区，气候温暖湿润，植被繁茂，蝴蝶主要生活在亚热带、热带森林中。

古北区包括：东北的黑龙江、吉林、辽宁，华北的北京、河北、山西、陕西北部地区，华东的山东、江苏北部和安徽北部，华中的河南，以及西北的新疆、青海、甘肃、内蒙古、藏北和川西地区。由于冬天时间较长，影响了蝴蝶的生长发育，因此多数蝴蝶为一年一世代。总体而言，古北区蝴蝶体型较东洋区蝴蝶小，蝴蝶色泽也较暗淡，种类也不如东洋区蝴蝶繁盛。

东洋区包括：华东的江苏南部、安徽南部、上海、浙江、福建、江西，西南的重庆、贵州、云南、四川东部、西藏东南部，华中的湖南、湖北，华南的广东、台湾、海南、广西、香港、澳门。

温带、寒温带森林

温带草原

古北区

北

南

秦岭

东洋区

淮河

热带、亚热带森林

古北区

（1）高原雪山蝴蝶

在雪线附近山地，海拔在4000米左右，常有一些不惧严寒的蝶种生活在高海拔山地。

高原雪山

君主绢蝶

西猴绢蝶

联珠绢蝶

君主绢蝶

妹粉蝶

马丁绢粉蝶

婀灰蝶

芭侏粉蝶

（2）新疆、内蒙古草原的蝴蝶

我国草原区主要集中在内蒙古、甘肃、宁夏、新疆、青海以及西藏等地，植被主要为温带多年生草本植物，有大量野草及野花，吸引众多蝴蝶栖息。

草原

北国珍蛱蝶

西方云眼蝶

阿波罗绢蝶

牧女珍眼蝶

胡麻霾灰蝶

金堇蛱蝶

箭纹云粉蝶

潘豹蛱蝶

（3）温带森林蝴蝶

　　古北区温带森林主要分布在温带季风气候及温带大陆性气候地区，植被以阔叶落叶林及常绿针叶林为主，海拔高度差较大，植物种类丰富，蝴蝶种类繁多。

森林

小赭弄蝶

多眼蝶

黄灰蝶

丝带凤蝶

白斑迷蛱蝶

绢粉蝶

重眉线蛱蝶

淡色钩粉蝶

东洋区

（1）亚热带森林蝴蝶

东洋区亚热带森林主要分布在秦岭淮河以南、南岭以北地区，植被以常绿阔叶林为主，植物种类丰富，蝴蝶种类繁多。

亚热带森林

燕凤蝶

波纹眼蛱蝶

巴黎翠凤蝶

裳凤蝶

芒蛱蝶

彩灰蝶

虎斑蝶

优越斑粉蝶

（2）热带森林蝴蝶

东洋区热带雨林主要分布在我国云南南部、西藏东南部、海南及广西、广东、台湾南部，植被以常绿喜湿的高大乔木为主，多藤本、附生植物，植物种类异常丰富，蝴蝶种类也极为繁多。

热带雨林

黑眼蝶

海南紫斑环蝶

黄绢坎蛱蝶

绿带燕凤蝶

白边裙弄蝶

白翅尖粉蝶

玳眼蝶

珍灰蝶

其他栖息地

（1）森林内公路边蝴蝶

森林内公路通常可以吸引许多喜阳的蝴蝶聚居栖息。尤其是汽车及行人较少路过的道路，蝴蝶会纷纷落地吸水及矿物质，两旁的植物也能给蝴蝶较好的藏身及栖息，沿路走就能发现各种各样的蝴蝶，是赏蝶的重要路径之一。

森林内公路

波蚬蝶

白斑眼蝶

黄豹盛蛱蝶

二尾蛱蝶

黄翅翠蛱蝶

朱履带蛱蝶

黄帅蛱蝶

锡冷雅灰蝶

（2）原始阔叶林溪流峡谷蝴蝶

在山脚开阔的溪流，由于湿度高、温度偏低，是众多蝴蝶栖息与繁衍的场所，蝴蝶种类丰富且数量较多，主要蝶种有各种蛱蝶、凤蝶、弄蝶及灰蝶。

溪流

曲纹蜘蛱蝶

银灰蝶

华东翠蛱蝶

宽尾凤蝶

褐钩凤蝶

黑弄蝶

黄带褐蚬蝶

蓝穹眼蝶

（3）山顶蝴蝶

　　早晨的山顶是最热闹的地方，常有许多雄性蝴蝶登顶聚集，互相追逐，占据有利位置，等待雌蝶经过交尾。不少稀有蝴蝶都有登顶习惯。

大山山顶

双色带蛱蝶

豹斑双尾灰蝶

熏衣琉璃灰蝶

黛眼蝶

宽带青凤蝶

大斑尾蚬蝶

褐斑凤蝶

黄帅蛱蝶

（4）荫林下蝴蝶

在林内小路及溪流附近，由于有阳光的直射，令不少灌木大片生长，吸引各种喜阴的蝶种在此生活。

树林

枯叶蛱蝶

齿翅娆灰蝶

窗斑大弄蝶

凤眼方环蝶

蒙链荫眼蝶

灰翅串珠环蝶

睇暮眼蝶

耙蛱蝶

（5）竹林蝴蝶

在高、中、低海拔山地都有竹林群分布，大部分是人工栽培竹林。竹子是许多蝶种的寄主，因此有众多蝶种在此繁衍生息，主要有各种黛眼蝶、环蝶、须弄蝶、孔弄蝶、刺胫弄蝶。

竹林

细黛眼蝶

某须弄蝶

波纹黛眼蝶

白斑眼蝶

黛眼蝶

华西箭环蝶

纹环蝶

直带黛眼蝶

（6）城市公园蝴蝶

都市里的公园绿地，因为人工栽培了一些蝴蝶的寄主，所以某些蝴蝶会在此繁衍生息。

城市公园

玉带凤蝶

统帅青凤蝶

东方菜粉蝶

报喜斑粉蝶

翠袖锯眼蝶

曲纹紫灰蝶

幻紫斑蛱蝶

酢浆灰蝶

三、蝴蝶的自我保护

蝴蝶为了生存及繁衍而不断适应环境，在经过千万年的进化之后，在各个成长阶段都演化出了独特的防御天敌的办法。

蝴蝶卵期的自我保护

雌蝶将卵堆叠式或者平铺式群产，有效阻止全部卵被寄生的情况；雌蝶将卵产于树皮缝隙等隐蔽地方；雌蝶将卵表面涂抹泡沫状蜡质保护膜或者涂抹鳞毛做掩饰保护；雌蝶将卵产于其他植物、枯叶及石头上。

银线灰蝶雌蝶把卵产在有蚂蚁经过的地方，利用蚂蚁保护卵，幼虫与蚂蚁生活在一起

波灰蝶雌蝶将卵产于寄主花蕾缝隙上，并用分泌物涂抹保护

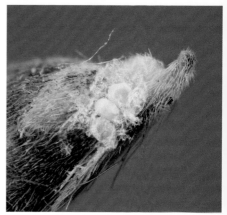

雅灰蝶雌蝶产卵后，会在卵表面涂抹一层像泡泡一样的物质

玛弄蝶用尾部鳞毛遮盖保护卵

北胁拟工灰蝶用雌蝶鳞毛保护卵

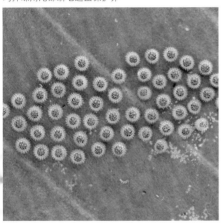

婀蛱蝶群产的卵用数量保证部分卵不被天敌所害

耙蛱蝶成串产卵，保证部分卵不被天敌所损害

铠蛱蝶属把卵堆叠产，保证最底层的卵不被寄生

赭灰蝶雌蝶把卵产在枝条的缝隙

有一类蝴蝶喜欢把卵产在其他昆虫的巢内。

长颈甲的巢

群产于象甲巢内的黄帅蛱蝶卵

 ## 蝴蝶幼虫期的自我保护

凤蝶科的许多幼虫，低龄时候的颜色和形态模拟鸟类的粪便，以逃避鸟类攻击。

模拟鸟屎的碧凤蝶幼虫

模拟鸟屎的玉斑凤蝶三龄幼虫

当末龄虫全身绿色的时候，胸部有假眼，天敌靠近后，胸部膨胀，胸足离开叶面拱起，并左右缓慢摇摆，模拟小蛇。

凤蝶幼虫

受惊模拟小蛇的碧凤蝶幼虫

模拟小蛇的绿带翠凤蝶幼虫

宽尾凤蝶幼虫头部的大大假眼具有一定威吓作用

如天敌再靠近攻击，即从前胸与头部之间伸出红色或橙黄色分叉的臭腺并释放特殊气味，视觉和嗅觉方面都模拟得出神入化。

玉斑凤蝶末龄虫静止的时候

玉斑凤蝶幼虫受到威胁的时候伸出臭腺

伸出臭腺并散发出刺激气味的穹翠凤蝶幼虫

具有黄色臭腺的裳凤蝶幼虫

另外一类凤蝶及斑蝶幼虫，由于取食有毒植物，体内有毒，身体呈现出鲜艳的警告色，让天敌害怕。

哎呀呀……那条虫看起来很好吃的样子。

大帛斑蝶幼虫

不怕中毒就来吃！呵呵……

灰绒麝凤蝶幼虫

弄蝶的幼虫会利用寄主叶片制作各种叶巢，藏身于此。

大襟弄蝶幼虫叶巢　　　　酣弄蝶属幼虫叶巢　　　　黑色钩弄蝶幼虫叶巢

密纹飒弄蝶末龄虫叶巢　　所有弄蝶幼虫都有独特的叶巢　　利用两片叶子重叠掩盖得天衣无缝的同宗星弄蝶幼虫叶巢

　　大部分粉蝶科幼虫的体外有软长毛，会利用群居特性吓唬天敌。大部分幼虫越冬时有做叶巢习性。

报喜斑粉蝶幼虫

檗黄粉蝶幼虫

欧洲粉蝶幼虫

完善绢粉蝶幼虫

　　模拟小蛇并不是所有凤蝶的专利，部分粉蝶和环蝶也会利用这个方法进行自我保护。

模拟小蛇的鹤顶粉蝶幼虫

　　并不是只有凤蝶幼虫才会伸出臭腺，大部分环蛱蝶幼虫受到威胁后，前足前方会伸出短的臭腺，释放类似"蝽"的气味吓唬天敌。

断环蛱蝶短的臭腺

断环蛱蝶幼虫

　　蛱蝶科幼虫自我保护的方式多样：有些幼虫会在粪桥前筑一面粪墙，抵挡天敌和模拟鸟粪；大部分种类体表有各种硬刺或肉刺及长毛；低龄虫有筑粪桥和藏身枯叶中的习性；部分种类有群居特性；有的种类喜欢做简易叶巢；许多幼虫越冬时会藏身在树干、树上或树下的枯叶里。

模拟鸟粪的新月带蛱蝶幼虫

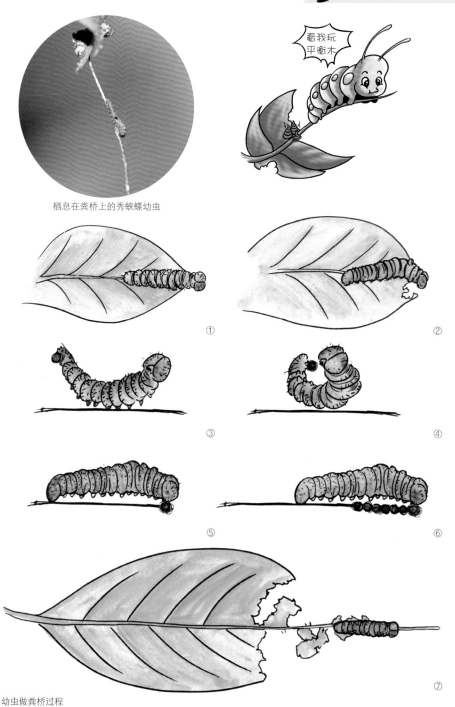

看我玩平衡木

栖息在粪桥上的秀蛱蝶幼虫

①

②

③

④

⑤

⑥

⑦

幼虫做粪桥过程

群居的蛱蝶幼虫，看起来并不好欺负。

灰翅串珠环蝶低龄幼虫聚集

群居的散纹盛蛱蝶幼虫

体外硬刺能吓唬不少天敌。

身上长满硬刺的琉璃蛱蝶幼虫

苎麻珍蝶幼虫

利用抬头和抬尾吓唬天敌。

白斑眼蝶幼虫仰头示威

忘忧尾蛱蝶幼虫

有些幼虫会故意把叶子主脉咬断，使叶子枯萎，藏身于枯叶里。

在枯叶上休息的柱菲蛱蝶幼虫

藏在枯叶上的某环蛱蝶幼虫

藏在枯叶主脉上的中环蛱蝶幼虫

大部分斑蝶亚科幼虫吃的是有毒植物，低龄幼虫会在寄主上画圈圈，待咬破叶脉释放寄主过多的毒素后再取食。

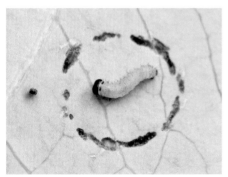

虎斑蝶幼虫在画圈圈

异型紫斑蝶幼虫把植物咬出一小口，流出大量毒液再取食叶片

有部分幼虫藏身在寄主附近的枯叶或石头间以躲避天敌。

藏在寄主附近的斐豹蛱蝶幼虫

有些幼虫利用自身保护色隐藏在叶面上。

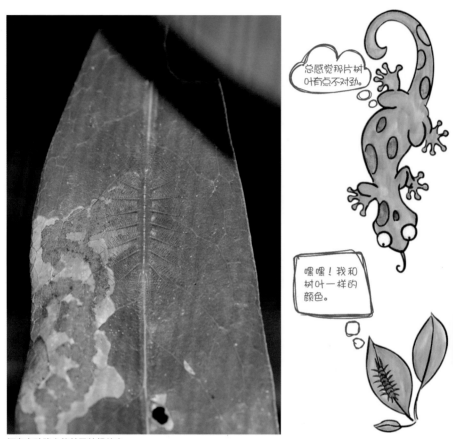

栖息在叶脉上的某翠蛱蝶幼虫

眼蝶亚科种类一般是利用自身保护色躲藏在寄主叶背及叶面上。

模拟寄主形态和颜色的白斑眼蝶幼虫

躲藏在叶背的曲纹黛眼蝶幼虫

黄襟蛱蝶幼虫遇威胁会掉落地上

灰蝶幼虫善于利用与蚂蚁的共生关系保护自己，会制作简单叶巢或居住在蚂蚁巢内。部分用保护色隐藏在花蕾及叶面上，也有咬断叶脉使叶子下垂，躲藏在叶背下垂位置。部分蛀食植物种子的幼虫会直接躲藏在果子里面。

模拟花蕾的蓝咖灰蝶幼虫，受蚂蚁保护

群居的银线灰蝶幼虫与蚂蚁共生

蚂蚁保护莱灰蝶幼虫

蚂蚁保护棕灰蝶幼虫

灰蝶幼虫出入有蚂蚁当保镖

玳灰蝶幼虫钻食果实

萨艳灰蝶幼虫

萨艳灰蝶幼虫藏在休眠芽壳内

萨艳灰蝶幼虫吃痕

蝴蝶蛹期的自我保护

蝴蝶蛹期是最脆弱时期，不能移动，一旦被天敌发现，必定落入天敌口中，所以一般蝴蝶蛹比较难发现。蝴蝶主要模拟周边环境颜色化蛹或者躲藏在暗处化蛹，有的蛹表有金属光泽，具警告作用。灰蝶科部分种类选择到树底附近的枯叶或石头间躲藏化蛹。凤蝶科和娆灰蝶属的蛹能用力收缩腹部，产生嘶嘶响声吓唬天敌。较容易发现的是弄蝶科的种类，通常在叶巢里面化蛹。

在枯叶上化蛹的玛环蛱蝶

在寄主果子里化蛹的绿灰蝶

在落叶里化蛹的梵净金灰蝶

在树干缝隙中预蛹的铁木异灰蝶

大襟弄蝶叶巢

在叶巢里化蛹的大襟弄蝶

模拟断裂树枝的小黑斑凤蝶蛹

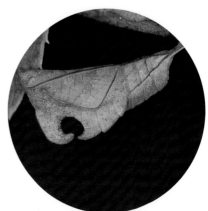

模拟枯叶的电蛱蝶蛹

伪装成枯叶的玉杵带蛱蝶蛹

幻紫斑蝶蛹利用金属色反光警告天敌"我是有毒的"

反光光泽让天敌误以为是水滴

美姝凤蝶褐色形蛹

碧凤蝶绿色形蛹

碧凤蝶棕色形蛹

表面有刺和金属反光的黄襟蛱蝶蛹

娆灰蝶属的蛹腹部震动发出声音驱赶天敌

藏于枯叶上化蛹的报喜斑粉蝶

4 蝴蝶成虫期的自我保护

以拟态的办法躲避天敌，生物学上要有三者才能成立拟态定义，即天敌、被拟态者、拟态者。拟态，是指：在外形、姿态、颜色、斑纹或行为等方面模仿其他生物或非生命物体以躲避天敌的现象。生物间的拟态方式有许多，有关蝴蝶的拟态分类基本上有贝氏拟态、缪氏拟态两种，另外还有一种隐藏式拟态（其实是伪装）。

（1）贝氏拟态

无毒或者无威胁性的蝴蝶拟态具有毒性或攻击性蝴蝶的模样，使天敌真假难辨。通常雌蝶较容易拥有拟态保护。

体内有毒的白带锯蛱蝶

无毒的斐豹蛱蝶拟态白带锯蛱蝶

体内有毒的金斑蝶

无毒的金斑蛱蝶雌蝶拟态金斑蝶

体内有毒的红珠凤蝶

无毒的玉带凤蝶雌蝶拟态红珠凤蝶

（2）缪氏拟态

　　两种或者两种以上有毒的蝴蝶类群相互模仿，是拟态者也是被拟态者。以斑蝶类最为常见。

大绢斑蝶

青斑蝶

史氏绢斑蝶

（3）隐藏式拟态（伪装）

许多蝴蝶的翅膀有着跟所在环境几乎一样的形态或颜色，让天敌难以发现。大名鼎鼎的枯叶蛱蝶就是一个隐藏式拟态的高手。

枯叶蛱蝶

平顶眉眼蝶

美眼蛱蝶（干季型）

蛇眼蛱蝶

朴喙蝶

除了以上 3 种拟态保护，蝴蝶还有其他特别的自我保护方式。

（4）假眼保护

许多蛱蝶科的种类，在前翅正面或者反面有假眼斑，一是用于吓唬天敌，二是转移攻击目标，以保护蝴蝶致命的头部不被攻击。

美眼蛱蝶的眼斑对天敌具有一定威吓作用

被攻击后翅的美眼蛱蝶

（5）尾突也具有保护作用

许多蝴蝶的尾突具有保护作用。部分灰蝶通常在后翅末端有细小的尾突和眼斑，停止的时候尾突通常左右摆动，模拟头部触角，让天敌转移攻击方向。大型凤蝶尾突不会摆动，也起到转移攻击目标的作用。

麀灰蝶

被攻击尾突的鹿灰蝶

部分灰蝶能让天敌分不清哪边是头部

（6）特殊器官保护

斑蝶科种类，雄性成虫在被天敌捕捉后，会在腹部伸出毛笔器，散发出气味，吓唬天敌得以逃脱。

被天敌攻击了后尾突的豆粒银线灰蝶

蓝点紫斑蝶雄蝶伸出黄色的毛笔器

第五章　蝴蝶与外界的关系

一、蝴蝶与环境的关系
二、蝴蝶与寄主的关系
三、蝴蝶与生物之间的关系

一、蝴蝶与环境的关系

　　人类不断消耗自然资源，产生大量二氧化碳，导致温室效应，使全球气温日益升高。这种气候将会带来什么后果？这样的气候将会导致自然灾害的增加，如海平面上升、热浪侵袭、暴风雨、水灾、冰灾、旱灾等自然灾害的加剧。这些自然灾害直接影响许多生物的生存。

　　蝴蝶在自然界这个复杂的生态系统中，扮演着许多不同的角色。

　　它不仅仅是生态系统生物多样性指标之一，而且对气候变化较为敏感。蝴蝶的数量及种类会因反常气候、自然灾害等情况发生变化，因而世界各地科学家都在利用蝴蝶等生物资源，对气候变化产生的影响进行观测。在不同地区和不同时间进行持续数年的蝶类观测，记录蝶种及数量的变化，经过多年累积的数据可反映自然气候变化对环境的影响，让我们对未来气候的变化趋势作出预测。

　　以下种类属于热带地区物种，在广东以往是没有被记录的。近几年，因气候原因，已经有稳定的种群栖息在广东。

黑色钩弄蝶

小豹律蛱蝶

因寄主种植范围扩大及气温上升，原只分布于东洋区的曲纹紫灰蝶，现在古北区也有了稳定种群分布

蝴蝶数量的多少与植被及植物的关系密不可分。蝴蝶赖以生存的植物为幼虫提供发育所需的营养及栖息场所，并提供蜜源给蝴蝶成虫；蝴蝶为植物传播花粉，给植物生长及繁衍带来不可或缺的帮助。蝴蝶是植物理想的授粉昆虫之一，主要原因是蝴蝶只吸取花蜜，并不会破坏植物花的结构，而花金龟等一些访花昆虫则会直接把花给吃掉。蝴蝶的种类及数量的多与少，可以直接反映一个地区植被的好坏——植被种类越丰富，植被越原始，蝴蝶的多样性就越高。

吸花蜜的大红蛱蝶

脚上沾满花粉的麝凤蝶

根据形成方式，森林植被可分为原始林、次生林和人工林三大类。

原始林，即没有被任何人为破坏过的原始植被森林。这类森林经过多年的沉积，植被覆盖率广而且丰富，物种的种类及数量众多，为理想的生物栖息繁衍场所。

次生林，是天然原始林被人工砍伐后的植物再次成长起来的森林。这类森林的物种需经过多年保护，才能恢复原先的种群及数量。

人工林，是原始林植被完全破坏，利用人工选苗、育苗造林的方式建造的森林。这类森林已经完全改变原有植被，改用单一的植物群，原生所有物种随即完全消失，不可再恢复。

原始森林

次生林

植被单一的人工林

　　目前我国不少地区的原始森林破坏严重，在许多低海拔地区，原始森林被砍伐殆尽，改种成果树或茶树；在热带地区，则种植了大量的经济作物，比如橡胶树和桉树。这样的改造，会造成生态的严重破坏和不可修复。

森林砍伐前　　　　　　　　　　　　　　　　　　　　　森林砍伐后

人工种植橡胶林　　　　　　　　　　　　　　破坏原始植被，改种经济作物桉树

破坏原始植被，改成了梯田　　　　　　　　　破坏原始植被，改种经济作物茶树

二、 蝴蝶与寄主的关系

　　蝴蝶的幼虫，绝大部分取食植物的叶片、茎、花及果等部位，少部分种类为肉食性，主要以蚜虫、介虫和蚂蚁卵为食。大部分蝴蝶食性单一，往往取食某一特定属植物，如金裳凤蝶，只取食马兜铃科植物；有部分食性较广，如斑灰蝶，会取食超过 20 种不同科属植物。

　　许多人认为，蝴蝶幼虫是害虫。其实，许多蝴蝶不见得是害虫，反而是益虫。绝大多数蝴蝶幼虫取食的植物与人类经济农作物无关，在世界上数万种蝴蝶中仅有寥寥数种蝴蝶会对人类经济农作物造成影响。如菜粉蝶属取食多种蔬菜叶片、亮灰蝶取食某些豆类（如豆角、荷兰豆）果实等，对于农业有一定伤害；谷弄蝶属的一些种类会取食禾本科水稻叶片，但非专一取食；凤蝶属的一些种类会取食芸香科属果树的叶片，如柑橘、橙子及柚子，但并未涉及果实；蕉弄蝶属仅取食香蕉树叶片。

菜粉蝶

菜粉蝶产卵

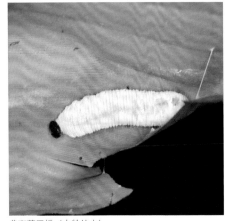

黄斑蕉弄蝶（末龄幼虫）

黄斑蕉弄蝶幼虫叶巢

姜弄蝶在姜叶上产卵

姜弄蝶幼虫

亮灰蝶

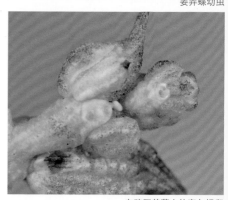
在豌豆花蕾上的亮灰蝶卵

直纹稻弄蝶

在水稻上的直纹稻弄蝶幼虫

　　蝴蝶对于绿化植物的取食，属于破坏吗？ 不同人有不同意见。其实，幼虫取食少量叶片，并不会破坏树木。

　　蝴蝶幼虫取食植物的叶片，会加速植物生长，促进侧芽、侧枝的萌生，植物的花朵可通过蝴蝶成虫进行传粉、授粉，这个过程可为植物的生长发育及繁衍带来非常重要的帮助，所以蝴蝶对植物的生长是利大于弊。

　　蝴蝶的寄主植物丰富多样，要弄清楚蝴蝶幼生期的寄主，必须掌握一些植物学知识。初学者可以通过互联网和书本进行学习，从城市里常见的植物学起，再慢慢到近郊或者植被保护完好的保护区里进行学习探索。

含羞草科

蝶形花科紫藤

禾本科李氏禾

禾本科五节芒

禾本科孝顺竹

花叶艳山姜

菫菜科紫花地丁

木兰科白兰

漆树科杧果

桑科高山榕

桑科小叶榕

芭蕉科香蕉

苏木科黄槐决明

旋花科番薯

荨麻科糯米团

荨麻科苎麻

榆科朴树

芸香科花椒

芸香科花椒簕

芸香科黄皮

芸香科年橘

芸香科柠檬

芸香科吴茱萸

芸香科野花椒

芸香科柚

樟科阴香

樟科樟

棕榈科江边刺葵

棕榈科散尾葵

棕榈科棕榈

三、 蝴蝶与生物之间的关系

蝴蝶的天敌

　　蝴蝶作为大自然生物链中的一环，在卵、幼虫、蛹和成虫各个成长阶段都可为其他昆虫及动物的生存提供食物。蝴蝶的天敌多样，在蝴蝶成长各阶段都受到其他物种的制约，从而控制蝴蝶种群的数量。蝴蝶属于繁殖快、后代多、死亡率高的一类昆虫，如果没有天敌控制，一旦生物链失衡，会造成蝴蝶的数量倍增，随之植物被幼虫啃光，将带来生态失衡。

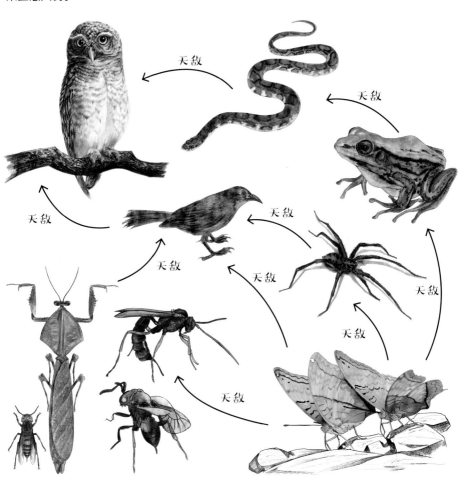

　　蝴蝶的天敌主要是各种昆虫、两栖类动物与鸟类、微生物等。昆虫主要包括寄生类昆虫、各种胡蜂、蜘蛛、螳螂、猎蝽、食虫虻、蜻蜓等肉食性昆虫；两栖类动物包括青蛙、蜥蜴、壁虎等。

①青凤蝶幼虫在寄主上休息

②老熟的青凤蝶要到其他地方化蛹去了

③刚好变色树蜥看到青凤蝶要下来

④青凤蝶幼虫就这样被吃了

黄蜂攻击斐豹蛱蝶幼虫

黄蜂攻击斐豹蛱蝶幼虫

猎蝽吸食陶灰蝶幼虫

猎蝽在吸食凤蝶幼虫

蚂蚁取食青凤蝶蛹

蚂蚁分解青凤蝶蛹

鸟类捕食蝴蝶

蚂蚁取食蝴蝶卵

螳螂在花下准备猎捕访花的柑橘凤蝶

蜘蛛成功把体型较大的斑蝶给猎捕

落网的苎麻珍蝶

寄生蝴蝶的生物

寄生是生物共生的一种类型，即一种生物寄附于另一种生物，并依靠被寄附生物的养分生存。寄生的方式很多，阶段各异，从卵到成虫的每个阶段，都可能被寄生。

（1）卵寄生

> 把卵产在蝴蝶的卵里，这样我的孩子出生就有现成食物了。

寄生蜂在寄生蝶卵

赤眼蜂寄生白带鳌蛱蝶

宽尾凤蝶的卵被寄生

箭环蝶的卵被寄生（黑色卵被寄生）

文娣黛眼蝶的卵被寄生

玄珠带蛱蝶的卵被寄生

寄生蜂孵化过程组图

①

②

③

④

⑤

⑥

（2）幼虫寄生

小茧蜂正从幼虫里钻出

拟寄生蜂的幼虫会钻出蝴蝶体外化蛹

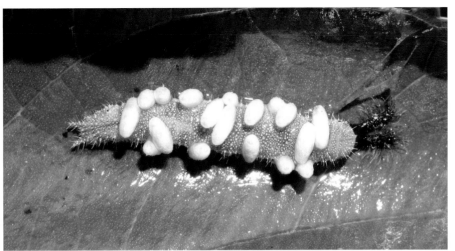

小茧蜂寄生绢蛱蝶幼虫

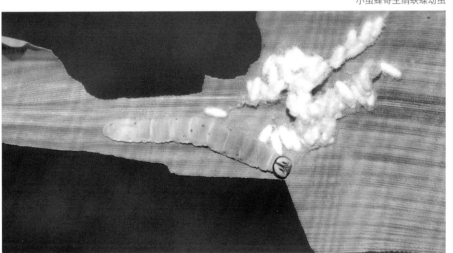

小茧蜂寄生黎氏刺胫弄蝶幼虫

小茧蜂寄生丫纹俳蛱蝶幼虫

小茧蜂寄生斑灰蝶幼虫

（3）蛹寄生

凤眼方环蝶蛹被寄生

青凤蝶蛹被姬蜂寄生

寄生蜂在蝶蛹里产卵

窄径茧蜂从凤蝶蛹里钻出来

（4）寄生的生物

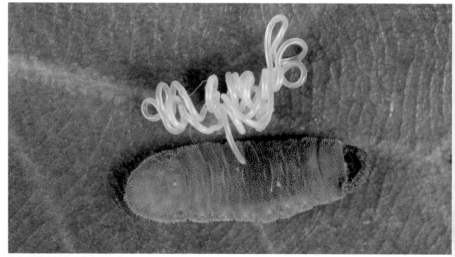

莱灰蝶幼虫被线虫寄生后死去

寄蝇的蛹

膝芒寄蝇

寄蝇寄生天蛾幼虫

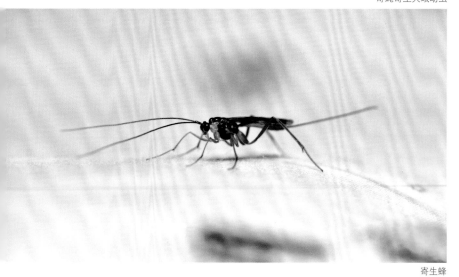

寄生蜂

长喙茧蜂　　　　　　　蝶蛹金小蜂　　　　　　　缘腹细蜂

瘦姬蜂　　　　　　　缘腹细蜂

（5）真菌感染

侵染蝴蝶幼虫的真菌

抑制害虫生长的蝴蝶

　　某些蝴蝶是蚜虫、介虫和蚂蚁的天敌，如蚜灰蝶、云灰蝶、德锉灰蝶、熙灰蝶等蝴蝶幼虫。幼虫栖息在蚜虫附近，主要取食各种管蚜，从而抑制害虫的生长。

德锉灰蝶卵产于蚜虫附近

把蚜虫吃光的德锉灰蝶幼虫

蚜灰蝶幼虫在取食棉蚜

❹ 与蚂蚁共生的蝴蝶

　　许多灰蝶的幼虫与多种蚂蚁有密切关系。蚂蚁栖息在幼虫附近保护幼虫免受天敌的危害，幼虫通过蜜腺分泌蜜露供给蚂蚁作为回报，这种互惠互利的共生关系称为互利共生。 部分种类的幼虫脱离了蚂蚁的保护仍可生存，而有一些种类的幼虫会因缺少蚂蚁帮助吸取身体多余分泌物而造成躯体溃烂致死。

花朵里通常隐藏着杀手（蟹蛛）

花朵里通常隐藏着杀手（蟹蛛）

不建巢穴的蓝咖灰蝶与蚂蚁共生

与蚂蚁共生的麻燕灰蝶幼虫

蚂蚁保护雅灰蝶幼虫，不受其他昆虫攻击

嫩叶芽上与举腹蚁共生的杨陶灰蝶幼虫

豆粒银线灰蝶喜蚁器分泌蜜露供给举腹蚁

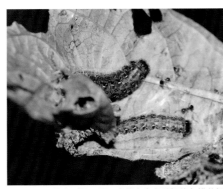

许多时候，同一个巢穴有多种银线灰蝶共栖

自己搭建叶巢的某花灰蝶幼虫与蚂蚁共生

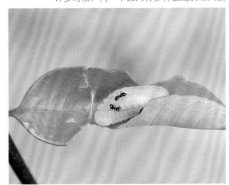

自己搭建叶巢的娆灰蝶幼虫与蚂蚁共生

蚂蚁保护棕灰蝶幼虫

有一类蝴蝶的幼虫无法脱离蚂蚁的保护，如黑灰蝶属、霾灰蝶属种类幼虫。它们会通过释放信息素吸引蚂蚁，让蚂蚁以为它们是自己的宝宝，带回巢里。蝴蝶幼虫会在蚁巢内取食蚁卵及幼蚁，信息素将保证蝴蝶幼虫安全。但是在蝴蝶羽化的时候，信息素将失效，蚂蚁会攻击蝴蝶，蝴蝶要用最快的速度逃离蚂蚁巢飞走。这种单方获利共生属于偏害共生。

蓝底霾灰蝶

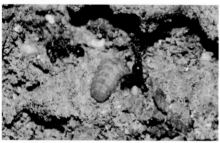

蚂蚁窝里的蓝底霾灰蝶幼虫

蓝底霾灰蝶在蚂蚁窝里化蛹

三尾灰蝶幼虫为蚂蚁提供蜜露作报酬，幼虫在蚁巢生活。而灰蝶幼虫会取食蚂蚁"圈养"的硬介壳虫及硬介壳虫分泌物的树皮（硬介壳虫也为蚂蚁提供蜜露），这种既给好处又损害蚂蚁利益的共生关系在蝴蝶幼虫里较为少见

第六章　蝴蝶国家保护物种

　　根据原国家林业部、原国家农业部制定的《国家重点保护野生动物名录》，列入一级和二级保护的蝴蝶有以下几种：

金斑喙凤蝶（雄）
国家一级保护

金斑喙凤蝶（雄）
国家一级保护

金斑喙凤蝶（雌）　　　　　　　　　金斑喙凤蝶（雌）
国家一级保护　　　　　　　　　　　国家一级保护

二尾凤蝶（雌）
国家二级保护

二尾凤蝶（雌）
国家二级保护

三尾凤蝶（雌）
国家二级保护

三尾凤蝶（雌）
国家二级保护

中华虎凤蝶（雄）
国家二级保护

中华虎凤蝶（雄）
国家二级保护

阿波罗绢蝶（雄）
国家二级保护

阿波罗绢蝶（雄）
国家二级保护

附：

　　本书主编长期在祖国宝岛台湾工作，台湾蝴蝶的种类及类群与大陆不同。台湾蝴蝶保育物种有以下几种：

大紫蛱蝶 雄
台湾一级保育

大紫蛱蝶 雌
台湾一级保育

荧光裳凤蝶（雄）
台湾一级保育

荧光裳凤蝶（雌）
台湾一级保育

台湾宽尾凤蝶（雄）
台湾一级保育

台湾宽尾凤蝶（雌）
台湾一级保育

金裳凤蝶（雄）
台湾二级保育

金裳凤蝶（雌）
台湾二级保育

曙凤蝶（雄）
台湾二级保育

曙凤蝶（雌）
台湾二级保育

第七章　趣味蝴蝶

一、蝴蝶之最
二、蝴蝶的文化

一、蝴蝶之最

翅展约 200mm

我是雌性的金裳凤蝶，国内最大的蝴蝶。

我叫曾紫华灰蝶，国内最小的蝴蝶。

翅展 15~20mm

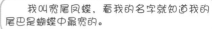

我叫多尾凤蝶，我的尾巴最多。

我叫宽尾凤蝶，看我的名字就知道我的尾巴是蝴蝶中最宽的。

我叫大绢斑蝶，斑蝶都有迁飞越冬习性，我们家族在世界上飞行距离最远的是君主斑蝶，但是在国内，飞行最远的是我。

我是燕凤蝶，我除了尾巴最长外，还是飞行技术最好的蝴蝶，可以随时平衡向前向后飞行、垂直向上飞行、在空中较长时间的停留。

我叫直纹稻弄蝶，我们弄蝶科许多种类都不像蝴蝶，身体粗大，体毛发达。

我叫安度绢蝶，是在高海拔雪线附近栖息的绢蝶亚科的种类，是最耐寒冷的蝴蝶。

我叫小红蛱蝶，是全球分布最广的蝴蝶。我适应力极强，成群迁移能力极强，最厉害的是取食国内外寄主20种以上。这些原因综合下来，我就成为全世界分布最广泛的蝴蝶了。

我叫黑紫蛱蝶，是领域意识最强的蝴蝶。我体型大，飞行能力强，体型较小的鸟类也照样驱赶一番，有如此胆量非我莫属。

我是达弄蝶幼虫，许多蝴蝶幼虫会做叶巢藏身定居，如许多灰蝶、弄蝶甚至蛱蝶都有做叶巢习惯。风格最有艺术感的叶巢，还是要算弄蝶科的花弄蝶亚科种类。

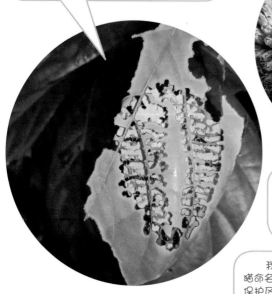

我叫黄钩蛱蝶，我寿命最长。许多蝴蝶有越冬的习惯，斑蛱、朴喙蝶、孔雀蛱蝶、大紫蛱蝶、黄钩蛱蝶、娆灰蝶属等这些种类是寿命最长的。我们成虫的生存时间甚至长达半年以上。

我叫熊猫癞灰蝶，是以国宝级动物大熊猫命名的一种灰蝶。我是2001年在大熊猫保护区里被发现的，因为我的翅膀色彩黑白搭配，很像大熊猫，所以给我取名熊猫癞灰蝶。

我叫金斑喙凤蝶，是唯一一种被列入一级保护名录的蝴蝶，保护级别跟国宝动物大熊猫相当。我不但美丽，也是带有神秘色彩的蝴蝶，必须掌握特殊的行为及习性才能有较大机会遇到我。

我叫枯叶蛱蝶，是最像叶子的蝴蝶。我有着拟态高手的美誉，模拟枯叶形态及颜色逼真，而且每一只的花纹都有差异。除了我们枯叶蛱蝶外，蠹叶蛱蝶以及许多眼蛱蝶（旱季型）也具有这样的特点。

我叫蓝斑丽眼蝶，我的幼虫以溪边的石菖蒲植物为食，雌蝶将卵产于接近水面的叶子上，低龄幼虫直接在水中的寄主上栖息，以逃避天敌，需要取食才爬到水面上。所以，我是会潜水的蝴蝶。

我叫金凤蝶，我的幼虫在藏医药典中称"茴香虫"。我们取食茴香等植物而得此称呼。主治胃痛、小肠疝气和打嗝等。

我叫冰清绢蝶，是翅膀最透明的蝴蝶。

我是尖翅银灰蝶幼虫，我的喜蚁器最长。

二、 蝴蝶的文化

　　蝴蝶因色彩鲜艳、飞行姿态优美，深受人们的喜欢。蝴蝶不仅在昆虫学、生态学、环境学等方面的研究中具有重要作用，在文学及艺术方面也有着同样的价值。蝴蝶自古受文人墨客青睐，诗词中常用到蝴蝶的题材。戏曲各地方剧种都有，最有名的黄梅戏"梁山伯与祝英台"的男女主人翁化作蝴蝶作为爱情象征的故事广为人知。以蝴蝶为题材的画作，多不胜数。 现代利用蝴蝶翅膀粘贴制画，利用蝴蝶的造型设计出多样的首饰、装饰及工艺品，提取蝴蝶颜色的天然搭配作为色彩运用，根据蝴蝶花纹设计出各样图案的布料，将蝴蝶名字变成品牌名字等，也比比皆是。

第八章　从爱好者到专家

一、爱好者的兴趣培养
二、爱好者的发展方向
三、爱好者的基本技能

一、 爱好者的兴趣培养

我们常常到公园及郊外游玩，身边总会有美好的风景，我们不妨停下脚步，细心观察一下身边的花朵。各种访花昆虫，最吸引你眼球的，应该就是蝴蝶。蝴蝶在我们心中美好的形象犹如基因一般，一出生就植入我们的大脑，我们从小对蝴蝶不抗拒、不反感，想跟蝴蝶一样，振翅飞翔，这就是蝴蝶的魅力。

细心观察发现，蝴蝶有五彩缤纷的颜色，有不同大小的体型，有不同的翅膀形态，有不同的飞行方式，有不同的取食方式、不同的行为，喜欢不同的栖息环境等，这些信息都太有趣了，值得我们去关注。用拍照方式记录下来，当我们有一定的照片量后会发现，原来不同季节、不同地方的同种蝴蝶还会有一些差异。当你接触多了，资料收集了，自然而然就想去了解更多关于蝴蝶的信息，比如记录蝴蝶的种类名字。所以第一步，我们先去观察、先去记录，拥有属于自己的蝴蝶资料库。

小朋友观察和接触多了，脑海里自然会产生对蝴蝶的印象，可以通过绘画、手工、剪纸等多种方式，把蝴蝶美好的印象给记录下来。观察得越细致，绘画得越详细。我们不需要刻意要求要如何绘画，让小朋友自由发挥即可，甚至用水在地板上画画也是一个很有趣的过程，小朋友的想象力因此得到了很好的培养。通过一段时间的观察和学习，还可以记录蝴蝶的习性、幼虫发育的过程等。

记录蝴蝶的美好，不仅限于用相机和绘画。在古代，人们通过诗词等方式记录着蝴蝶。杜甫《江畔独步寻花》中的"留连戏蝶时时舞，自在娇莺恰恰啼"，记录了在黄四娘家赏花时的场面和感触，以及春花之美、人与自然的亲切和谐。古代许多文人，也是通过赏花，把蝴蝶的美好一同记录。喜欢言语表达或者喜欢向文学方向发展的小朋友，可以用这样一种方式，表达对蝴蝶的热爱。对于低龄小朋友，可以通过故事图绘本，了解更多关于蝴蝶的有趣故事。这种全民、全方位的蝴蝶文化，随着时间的推移，将会受到更高的关注和发扬。

二、 爱好者的发展方向

蝴蝶的优雅美好常让人忘了它们是昆虫。一件有趣的事实便可以说明：国内外的学术机构与大学里的昆虫学（Entomology）专业很少包括蝶类研究，蝶类研究的人才和项目多数是在动物学或生命科学等专业。古今中外有许多人为蝶痴迷，读者可能产生一个疑问：我为蝶迷，然后呢？蝴蝶迷人，但爱上蝴蝶的人有许多不同理由，将这份热情持续下去的方式也很多。在这里，想提及几类选择供读者参考，不同阶段或许会有不同的喜欢方式，大家不妨以自己喜欢的方式爱蝶。

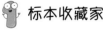 标本收藏家

收藏标本的爱好源远流长，有系统的标本收藏始于启蒙运动后的西欧，科学的快速发展使收藏生物标本成为当时上流社会的一种时尚，演化论之父达尔文是位甲虫收藏家，动物地理学之父华莱士更是东南亚昆虫标本的大收藏家，华莱士收藏的标本有不少成为模式标本，包括蝴蝶。有不少国外重要的研究型博物馆最初是由富有的大收藏家捐赠而

设立的，这些标本收藏不只受到收藏家珍惜，更是重要的研究资产。有些一两百年前保留下来的蝴蝶标本，更是因为有这些资料，让我们可以明白它们的产地环境有多大的变化。收藏标本的另一项重点是不应盲目追求数量，而应当注重标本的品质和保存。曾有些收藏家拥有许多珍贵的标本，却因保存条件不佳，让标本毁于虫害或生霉，令人痛惜。有主题、有系统地深入收藏，是最值得鼓励的。

美国加州伯克利分校埃西格昆虫博物馆

Polygonia c-album ssp. *chingana* Kleinschmidt, 1929 的同模式标本，德国德勒斯登 Dresden 博物馆的 [syntype]

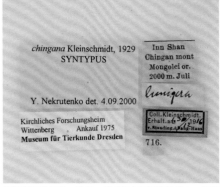

从标签可以看出，这是一只 1916 年制作的标本，保存时间超过一个世纪

模式标本（一种蝴蝶的"身份证"）

　　模式标本（type specimen），即作为特定的参考对比的标本。成为模式的一份标本，是由发表者鉴定，并已发表的那份标本，称为正模式标本（holotype）。正模式标本只有 1 只，当正模式标本损毁或丢失，将优先于原记载论文中数据与正模式标本相同或相近的标本中指定新模式标本 (neotype)，这些标本称为副模式标本 (paratype)，副模式标本可以备份多只。

公众科学家

许多蝴蝶爱好者从事与蝴蝶无关的职业，但从未放弃对蝴蝶的热情，他们往往把工作以外的时间都花在蝴蝶上，博览群书及文献，用科学的态度调查记录、严谨的态度分析判断，刻苦钻研持之以恒，致力于探索蝴蝶及与其相关的方面，比如描述新蝶种、生态观察、寄主植物、记录行为学或生态现象、多样性调查等等。这些各行各业的蝶类爱好者可以说是公众科学家，往往可以和专业研究者共同推动蝴蝶的研究和保护。

论文的词源 etymology 通常会给出起学名的缘由，如用人名给物种起"名"。

举两个例子看看种类名字的起源：

Sinthusa chenzhibingi Huang & Zhu, 2018 陈氏生灰蝶 副模式标本，种学名 chenzhibingi 源自人名——陈志兵，是对这篇文章提供帮助的陈志兵先生之敬意

Ahlbergia leechuanlungi Huang & Chen, 2005 李老桄灰蝶，种学名 leechuanlungi 源自人名——李传隆，是对已故的我国蝶类研究先驱李传隆先生表示敬意，他为我国蝴蝶的研究做出了巨大贡献

专业研究者

如同其他科学领域，也有从事蝴蝶专业研究与保护的研究人员。蝴蝶研究领域最基本的是分类学与生态学。如果想成为蝴蝶的专业研究者，最理想的职业是进入研究机构、大学或博物馆任职，但这需要较高的学历及扎实的学科知识。

与蝴蝶研究相关学科包括：

（1）植物学

由于蝴蝶是植食性昆虫，而且大部分幼虫食性比较专一，要了解蝴蝶的幼虫寄主和成蝶访花对象，必须先对植物有一定程度的认识。

（2）昆虫学

蝴蝶是昆虫，要了解蝴蝶的生理与形态构造，应当具备昆虫的基础生理学及形态学基本知识。包括蝴蝶在内的昆虫分类上侧重翅脉及交尾器特征，须多加学习昆虫的解剖技巧。

两种伞弄蝶生殖器对比：

白伞弄蝶

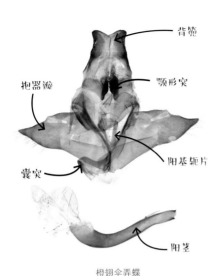

背箆

颚形突

抱器瓣

阳基轭片

囊突

阳茎

橙翅伞弄蝶

（3）统计学及生态学

统计学是许多科学的根本，许多有趣的生态学或演化学现象须借由统计来验证。

（4）分子生物学

近年来利用 DNA 分子技术帮助回答了不少传统方法无法回答的蝴蝶分类、演化及行为方面的问题。

（5）英文

现今的蝴蝶研究已经进入跨国合作时代，毕竟国界对蝴蝶本身不具任何意义，近年许多蝴蝶研究上的进展都是国际合作的成果。要成为蝴蝶专业研究者，学好英文是不可或缺的。

保护与教育工作者

蝴蝶爱好者容易产生保护蝴蝶的使命感，继而决定从事让蝴蝶生生不息的相关工作，包括到环境保护相关单位工作、到生态保护组织充当专职人员或志愿者，或成为蝴蝶生态导师等。从事这类工作最需要建立正确的生态学、生物多样性及保护生物学的认知。

蝴蝶繁殖能力强，但生态需求复杂——因为大部分个体在成长过程中会被天敌吃掉，所以影响蝴蝶种群数量及存亡最重要的是栖息地的保护，而非少量采集活动。在国外有许多严加保护反而造成蝴蝶灭绝的案例，说明详细了解生态需求及栖息地保护才是爱护蝴蝶的王道。从事蝴蝶保护与教育的人员要建立正确的观念，要让人们明白盲目搞人工绿化建公园比禁止学生采集标本祸害更大。

三、 爱好者的基本技能

蝴蝶标本的采集

标本是鉴定的依据，很多蝴蝶无法通过生态照或翅面外观来识别，需要依靠外生殖器结构甚至 DNA 分子分析手段来准确鉴定。因此，标本采集及相关信息记录是蝶类分类及系统发育研究的必备材料及手段。只有做到物种的准确鉴定，才能开展后续有效的生态学数据的采集及分析，为蝴蝶及相关生态系统的保护和研究提供科学严谨的参考依据。

初学者对于标本的关注更侧重于蝴蝶的美丽，但这往往是引导其逐步深入走向研究道路的开始，因此爱好者们可以进行少量采集。

爱好者的标本采集应绝对禁止对保护蝶种的采集，以及无节制的大量采集，而必要的、少量的采集则不会对蝴蝶的种群数量带来任何影响和改变。某些认为只要是采集蝴蝶就必定会严重破坏生态、造成蝴蝶灭绝的观点，其实并不符合蝴蝶的生态学特性。

蝴蝶都具有昆虫共同的特性，即繁殖快、后代多，而且绝大多数蝴蝶活动区域都在人类活动无法企及的区域，如茂密的原始森林、高大的林冠层；同时，蝴蝶具有从卵到成虫的不同阶段，也有效分散了天敌及采集对蝴蝶种群数量的影响。

根据专业研究者的研究，那些往常被认为是极其罕见的蝴蝶，罕见的原因并不是在于其种群数量的稀少，而往往是对其生态习性的研究程度不足。大量的数据及事实已经证明，对蝴蝶种群数量有重大影响的关键因素在于栖息地的破坏和环境气候的变化。

采集方法主要包括两种：一种是用捕虫网采集，另一种是用特制诱饵引诱。因各人喜好，有的喜欢长一点的采集杆，有的喜欢较为轻便的短杆，根据不同场地而选用。捕虫网口直径以 45~60cm 为宜，网的颜色一般是白色，但由于颜色跟大自然颜色不能融为一体，比较容易被蝴蝶发现，建议采用偏向绿色的捕虫网，红色捕虫网对于吸引凤蝶有较明显的效果。对于个人着装也有一定要求，太鲜艳的衣服，蝴蝶会避而远之，应当穿着与大自然环境颜色接近的服装，如迷彩服。

长杆采集

蝴蝶标本制作方法

　　刚采集的新鲜标本比较容易制作成标本，如果没有及时制作成标本，身体各关节开始僵硬，翅膀基部难以张开，不能直接制作成标本。这时候我们通过一个制作标本前的工序"回软"。通过增大湿度方法把蝴蝶恢复柔软，这是一个很关键的步骤，标本做得好与坏，回软工序要把握好。

　　回软方法可分为快速回软和慢速回软。快速回软可以用注射器抽热水注入蝴蝶胸部，挤压、再注入热水反复几次操作，可以快速使蝴蝶翅膀基部回软，或者直接用镊子夹紧蝴蝶胸部，没入热水中，反复挤压，但是腹部不能沾到水分，触角可以泡一会儿温水，也可以达到回软状态。这种操作快速、便利，但也有不足之处：

　　①翅膀较软和薄的蝴蝶，容易起皱，特别是小型蝴蝶，温度不控制好，更容易损坏标本，无法恢复。

　　②翅膀和腹部因水蒸气容易沾上水，做标本的时候，容易损坏翅膀鳞片。

　　③标本制作完成后，放置一定时间，翅膀容易上翘。

　　如果时间充裕，建议用慢速回软方法较为稳妥。慢速回软可以用注射器将常温水注入蝴蝶胸部，使蝴蝶更快吸取水分，小型蝴蝶可忽略此步骤。注水后放入带有湿纸巾、棉花等密封盒子里，竖立放置1~2天。放置时间看蝴蝶大小而定，部分小蝴蝶1天即可。每天必须定期检查回软度，用尖头镊子反复挤压蝴蝶胸部看回软程度，这需要一定反复试验取得经验。放置时间和温度比较讲究，尽量控制不要超过3天，夏天不要超过2天，放置过久，标本触角容易损毁、身体腐烂或者发霉，损坏标本。

　　回软期间，要注意蝴蝶腹部、头部触角及蝴蝶翅膀不能直接沾水。有些标本因存放时间过久或者曾经注射酒精等化学物，身体还是较难达到回软，此时可以反复注入热水，一般可使蝴蝶彻底软化。慢速回软方法，可以使蝴蝶充分回软，标本完成后不容易上翘变形，是理想的标本回软办法。回软的用时需要一定经验，初期可通过多尝试逐步掌握合适的回软用时。当采集完，没有充足时间做标本时，可以置入冰箱急冻，好处是可随时拿出来做标本，无须回软步骤，也是一个不错的放置标本的方法。

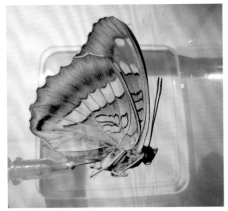

注射器插入蝴蝶胸部位置

利用海绵吸取水分，裁剪一道口，夹住蝴蝶腿部，密封回软

蝴蝶标本制作步骤：

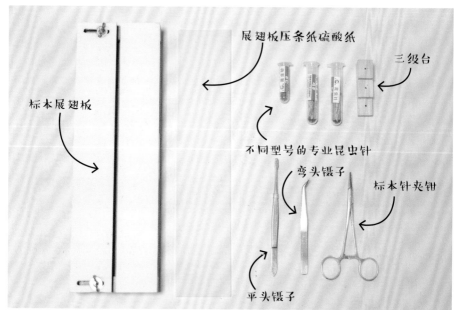

展翅板压条纸硫酸纸

三级台

标本展翅板

不同型号的专业昆虫针

弯头镊子

标本针夹钳

平头镊子

昆虫针分别有微针、00号、0号、1号、2号、3号、4号、5号，常规使用于蝴蝶标本的有1~5号针。通常1号和2号针用于小型蝴蝶，3~5号用于体型较大的蝴蝶，根据蝴蝶大小选用合适的昆虫针

弯头镊子夹紧蝴蝶胸部，使蝴蝶翅膀张开

在蝴蝶胸部中间，垂直插入昆虫针

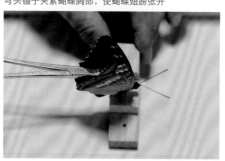

使用夹针钳，夹紧针头插进三级台，统一蝴蝶标本高度

使用夹针钳把标本插入展翅板槽之间

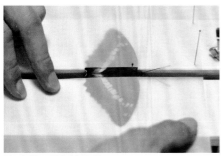

展开翅膀，用硫酸纸压住

用3根昆虫针，临时固定蝴蝶

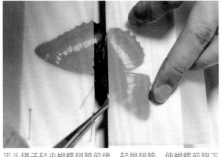

平头镊子轻夹蝴蝶翅膀前缘，轻提翅膀，使蝴蝶前翅下缘与身体保持水平

用针固定前翅，定型1号位置针拔除

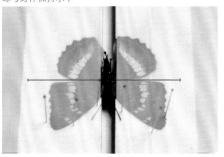

重复同样操作，把另外一边前翅提至两边高度一致，固定

把后翅提至相同距离，固定，腹部2根针拔除

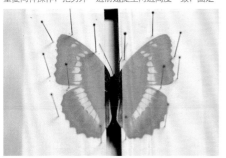

整理触角与腹部，标本展翅固定制作完成，风干1~2周时间，即完成一只标本。用标签纸记录采集时间、地点、人物等信息，与标本针插在一起保存

取出展翅板的标本，使用三级台统一标本标签高度

标本的保存

合适的标本存放方法，能有效保证标本不变形、不褪色甚至永久常新。

标本应放置于标本盒内。为便于分类整理，标本盒内可放置分类盒，专业的收藏及研究机构还会为标本盒的存放量身定制标本柜。

标本的保存方法：

①保持较低的湿度。许多保存标本的空间设计成恒温恒湿环境，如家中没有此条件，在存放地方使用抽湿机 24 小时运转或者使用空调抽湿，也可达到一定效果。

②标本盒的选定：使用密封性能较好的木制专用标本盒。

③标本盒里安放防虫的樟脑。

④标本一定要存放在黑暗的环境，长期的光照会导致标本严重褪色。

蝴蝶标本盒

幼虫的饲养

通过对蝴蝶幼虫的饲养，可以观察蝴蝶演变的每一过程。只有亲自饲养，才能感受其中奥秘。

蝴蝶饲养条件包括：①合适的饲养空间。②每天新鲜的寄主植物供给。③每天清理排泄物和饲养盒。④适合蝴蝶生长的温度。

注意事项：① 要饲养一种蝴蝶幼虫，必须先了解其适合生长的温度和环境。如喜欢偏冷、湿度高的幼虫，温度上若没有控制，很快就会死亡，应使用温控设备饲养或在空调房里饲养。最理想的饲养为通风饲养，寄主插水保持新鲜，或者整盆放置于防虫网箱里，在阴凉对流空间即可。② 幼虫蜕皮、化蛹期间不能过多干扰。③ 避免密度过高的饲养，它们会因生存空间及植物供给紧缺而互相伤害。④ 保持干净。一旦感染疾病极易导致全体死亡。⑤ 记录蝴蝶生长信息，包括龄期、大小、幼虫成长时间及蛹期时间等。⑥ 蝴蝶的寄主应使用密封袋存放保持水分，放置在冰箱保鲜层。⑦ 成虫羽化后，本地种类可放飞，外地种和国外种尽量不要放飞，以免引发基因污染，建议做成标本留念。⑧ 寄主植物新鲜程度决定幼虫的大小，幼虫越大日后成蝶体型越大。如果食物腐烂，会造成幼虫取食后死亡。

不同尺寸的密封盒用于饲养不同大小的蝴蝶幼虫

用网笼配合活寄主饲养幼虫是最理想的方式

密封盒需要配合温控或置于阴凉处饲养，温度过高幼虫容易死亡

5 蝴蝶的拍摄

　　以蝴蝶为主题的拍摄，是众多蝴蝶爱好者的兴趣之一。蝴蝶的拍摄充满乐趣，原因是在大自然里，不知道下一秒会遇到什么蝴蝶，就像中奖一样，碰到梦寐已求的蝴蝶，令人兴奋。真实的生态照是珍贵难得的，包含了综合信息的资料，包括蝴蝶拍摄时间、生态环境、偏好的蜜源植物、食物以及多种实际行为等等。

　　蝴蝶的拍摄极具挑战，也是一项有益运动，投入到大自然呼吸新鲜空气，欣赏优美景色及物种，适当的锻炼，身心健康，何乐而不为？攀山涉水，长途跋涉，没有一定的体能、耐心和吃苦耐劳的精神，无法拍摄出满意的照片。有时候寻找一天都没有一种目标的品种，情绪难免有点低落，毕竟出外一次拍摄机会难得；有时候错失某些蝴蝶种类发生的时间，要明年才能相见。有些种类因习性问题，长期都在树冠层栖憩，拍摄难度可想而知。拍摄蝴蝶对于时间、天气、器材、拍摄技术以及蝴蝶习性的掌握非常关键，缺一不可，一名出色的生态摄影师所掌握的技能超越我们想象。

蝴蝶大部分都天生胆小，一旦有人类靠近便飞离。如何拍摄才能提高成功率呢？着装方面要伪装到位，动作要步伐轻盈，移动要慢，不能发出任何声音，只有慢慢靠近蝴蝶，才有机会创作出理想的照片。我们可以选择一些已经自我陶醉的蝴蝶进行拍摄，如采蜜的蝴蝶、吸取各种食物的蝴蝶、吸水的蝴蝶等，它们已经把注意力集中到取食，拍摄机会将增加，可以使用近距离微距镜头进行拍摄。对于一些天生灵敏机警的蝴蝶、栖憩高处的蝴蝶，用靠近的办法拍摄是无效的，必须进行远距离拍摄，选用焦段较长的微距镜头甚至拍摄鸟类题材的镜头才能成功拍摄。

作者正拍摄蝴蝶

拍摄蝴蝶，分为普通微距拍摄和超级微距拍摄。普通微距拍摄记录成蝶及幼虫，超级微距拍摄记录细微的题材，如蝴蝶的卵、蝴蝶低龄幼虫、蝴蝶的翅膀鳞片等等。

普通微距镜头常用的有 40mm、60mm、90mm、100mm、105mm 等，中长焦段微距镜头有 150mm、180mm 及 200mm 等，超长距离拍摄可以选用 80~400mm、100~400mm 以及 300mm 或以上等长焦镜头，需根据不同品牌相机和拍摄需求选择合适的微距镜头。

超级微距镜头有佳能 MP-E 65mm f/2.8（1~5 倍）、老蛙 25mm f /2.8（2.5~5 倍）、

中一光学 20mm f /2.0（4~4.5 倍）等。对于反接广角镜头也可以用于拍摄超微距，焦距越短，放大倍率越大。反接实际是将镜头调转安装，必须加入转接环等装置实现。如 17mm 广角焦段反接后可达到 4 倍的放大倍率，操作有所复杂，使用较为不便，不建议使用。有的朋友甚至选择使用显微拍摄手法，将显微物镜安装在相机上进行拍摄，也可以在专业的显微镜上，目镜安装相机的转接口，直接在显微镜上拍摄也是一种办法。 对于以上超级微距拍摄，有一个较为重要的问题要提出：放大倍率越大，景深越浅，就算使用较小的光圈，仍然不能达到理想景深，要借助千分尺微距平台装置，通过定点前进拍摄手法，从最前端焦点一直移动拍摄到后端焦点，利用多张照片的拍摄在后期电脑使用软件叠加，创造成一张照片。这种做法成像清晰，景深可控制，但是操作较为复杂麻烦。被摄物要相应固定，稍有轻微移动要重新拍摄。对于后期叠加用的电脑硬件配置要求较高。室内拍摄，通常需要使用闪光灯进行补光，通常使用两盏灯定点离机引闪，加上柔光罩使光线柔和。闪光灯种类很多，因各人喜好及预算来选定。

　　掌握这种技巧，需要不断进行专门的学习及操作使用，才能达到预期拍摄效果。建议初学者不能急进，先打好拍摄基础为首要。

美国 RRS 手动千分尺微调导轨平台

叠叠乐自动步进拍摄导轨平台

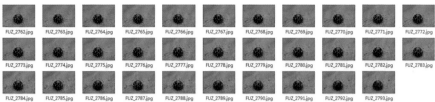

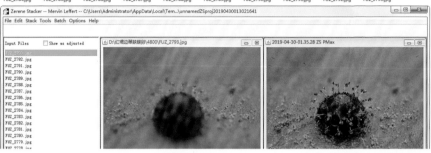

利用千分尺微调平台拍摄出多张照片后，在电脑上使用软件 Zerene Stacker 将多张不同景深的照片叠加成一张

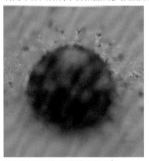

叠加前红裙边翠蛱蝶卵的照片

叠加后的红裙边翠蛱蝶卵

（1）超微距镜头拍摄　　　　　　　　**（2）显微镜头拍摄**

老蛙 25mm 2.5-5X 变焦超微距镜头

显微镜物体镜接相机

（3）反接广角镜头拍摄

反接 20mm 广角镜头效果

20mm 广角与反接环

20mm 广角连接反接环

蝴蝶标本拍摄是一项重要的记录，将标本转化为图像，用于出版物、鉴定标本等。蝴蝶的拍摄应着重还原蝴蝶原色，可以借助白平衡板、灰卡等工具纠正颜色。有兴趣的朋友可以学习 QPcard 的使用方法，这有助于日后出版物纠正色差的问题。另外，蝴蝶拍摄一般使用拍摄箱进行拍摄，用两条平衡透明钓鱼丝架起蝴蝶，放置标尺及采集信息一起拍摄，背面腹面各拍摄一张。拍摄标本需使用三脚架固定相机，配合使用快门线，这些都是必不可少的工具。拍摄蝴蝶尽量推荐配置灰色背景拍摄，如果使用白色背景，蝴蝶翅膀外缘的缘毛也是白色时，将会弱化甚至完全与背景融为一体，会给日后严谨的标本鉴定带来干扰，甚至导致误鉴定。

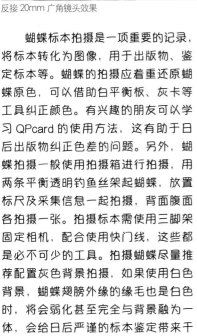

固定俯视拍摄

摄影箱内蝴蝶摆放

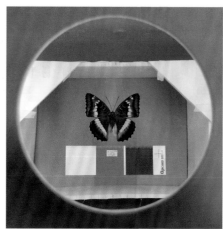

俯视角度

全色彩校正仪正面

QPcard 黑白灰校色卡

　　利用摄影箱拍摄的优点是：①可以达到背景无影。②背景色可随时更换。③拍摄出的背景颜色均匀的图片，后期容易去底。后期可根据出版物的需求搭配不同的底色。

翠蛱蝶标本背面实际拍摄效果

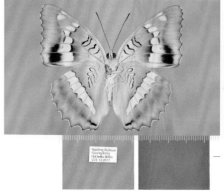

翠蛱蝶标本腹面实际拍摄效果

去底透明背景

白色背景下的翠蛱蝶标本缘毛消失

浅蓝色翠蛱蝶标本背面

浅粉色翠蛱蝶标本

浅黄色翠蛱蝶标本背面

　　市场上器材种类琳琅满目，如何选择最佳的拍摄器材？首先要明确自己的拍摄题材。如果是野外拍摄蝴蝶，可选择半画幅相机的方案，配合150mm及180mm定焦微距镜头，或者80~400mm、100~400mm变焦的镜头，这样组合可增加拍摄距离，提高拍摄成功率，无需安装闪光灯增加负重。目前180mm焦段镜头推荐适马180mm f2.8镜头，加入首创防抖及大光圈，大大增加拍摄成功率。如果近距离拍摄花及昆虫，可选择60mm、90mm、100mm的镜头，任何原厂或副厂的镜头成像质量都可以满足使用要求，个人可根据喜好和经济能力随意选择。如果是全画幅相机，可以通过使用1.4X增距镜配合长焦段镜头拍摄。对于微单相机，推荐使用奥林巴斯品牌，原因是价格合理，镜头种类齐全，近距离拍摄可选60mm焦段，远距离拍摄可以选用40~150mm f2.8镜头，选装1.4X可以增加拍摄距离。以上建议对于刚接触相机的朋友无疑难以理解。没关系，这是需要一定时间沉积的。拍摄学无止境，技术及科技不断进步，多问、多了解、多学习、多操作是提高拍摄水平的唯一途径，而不是盲目追求最高端的设备。

　　拍摄蝴蝶虽不简单，但是乐在其中。站在科考的角度上，建议不要过分盲目追求完美及苛刻的艺术创作，这会失去一些重要信息及浪费大量野外考察时间。野外拍摄重要的目的是记录、有效的记录、更多的记录，科考意义在于此。对于喜欢拍摄创作的朋友，也能达到身心快乐，是提高艺术修养的一个过程，出发点及目的与科考不同。大家不妨选择自己喜欢的拍摄方式，感受蝴蝶拍摄带来的快乐。

特别鸣谢

此书得以出版，离不开各位前辈、老师、朋友及家人的悉心指导及支持。由衷感谢江西中医药大学贾凤海教授，江西井冈山保护区何桂强站长，广东南岭保护区管理局龚粤宁局长，南岭保护站王槐文站长、游章平先生，广东车八岭保护区宋祖飞科长、李荣先生等在实地考察上的大力支持，上海动物园朱建青高级工程师、陈志兵高级工程师提供的照片及提出宝贵意见，香港嘉道理农场罗益奎先生在图片及文献资料上支持，云南大学胡劭骥先生、段匡先生提出的宝贵意见，广东省林业科学研究院李琨渊先生提供寄生蜂图片资料及鉴定，广东丹霞山博物馆顾丽娟馆长在各方面给予支持，感谢长期在野外考察的伙伴，他们分别是：区伟佳先生（区 SIR）、吴振军先生、邓伟健先生（城市猎人）、詹程辉先生（钱龙卵）、谷宇先生（某某某）、张红飞先生（蝴蝶飞飞）、苗永旺先生（Tony）、李闽先生、霍伟立先生（狒狒）；提供珍贵照片及分享幼虫活体饲养的毕明磊先生、孙文浩先生、李凯先生（Kingfisher）、曹峰先生（峰回路转）、王军先生（青蛙王子）、郑雨晨先生（Bill）、邓广斐先生（大斐）、岑远鹏先生（鹏鹏）、李骅洲先生（犀牛）、尹方韬先生（碧玉龙）、杨赑傲先生（框框）、倪浩亮先生（啊飘）、李树文先生、刘广先生（水龙居）、杨振先生，还有为本书的设计及编辑校对花相当大精力的廖飞琴编辑和李晔设计师等等，在此一一致谢。